I0040681

EXPOSITION UNIVERSELLE DE VIENNE
EN 1873.

SECTION FRANÇAISE.

RAPPORT
SUR L'AGRICULTURE

PAR

M. EUGÈNE TISSERAND,

MEMBRE DU JURY INTERNATIONAL.

PARIS.
IMPRIMERIE NATIONALE.

M DCCC LXXIV.

©

EXPOSITION UNIVERSELLE DE VIENNE
EN 1873.

SECTION FRANÇAISE.

RAPPORT
SUR L'AGRICULTURE

PAR

EUGÈNE TISSERAND,

MEMBRE DU JURY INTERNATIONAL.

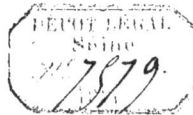

PARIS.
IMPRIMERIE NATIONALE.

M DCCC LXXIX.

AGRICULTURE.

I

CONSIDÉRATIONS GÉNÉRALES.

(État de l'outillage agricole.)

L'agriculture a fait de grands progrès depuis un certain nombre d'années. Ces progrès sont dus à plusieurs causes; mais il en est deux qui dominent toutes les autres : d'une part, la consommation toujours croissante des denrées agricoles; de l'autre, la rareté de la main-d'œuvre.

L'agriculture se trouve dans la nécessité de produire beaucoup plus, et elle dispose de moins de travailleurs. Elle doit produire à bon marché, et ses frais ont augmenté dans une notable proportion, par suite de la hausse de la journée des ouvriers, de l'élévation du loyer des terres et de l'obligation d'engager plus de capitaux dans l'exploitation de la ferme.

De là, nécessité d'accroître les fumures du sol, de mieux aménager et utiliser les fumiers, et de recourir aux engrais du commerce.

De là, encore, nécessité de réaliser des économies sur les semences confiées à la terre, et de faire la moisson et le battage des grains par des moyens mécaniques.

La résultante des progrès effectués pour arriver à la solution de ce problème n'est pas de diminuer la somme de travail consacrée aux cultures, mais de permettre aux cultivateurs de mieux utiliser les bras de leurs ouvriers, et d'exécuter avec un homme le travail de deux, de trois journaliers et plus.

Ainsi, tout le monde sait qu'avec la charrue un laboureur peut retourner dans sa journée beaucoup plus de terre qu'avec une bêche.

On sait encore qu'avec un bon araire un homme fait plus de besogne que par l'emploi d'une mauvaise charrue. L'Arabe, à l'aide de son outil informe et de son attelage épuisé, gratte à grand'peine une surface de 30 ares par jour; il ne remue de la sorte que 150 mètres cubes de terre en dix heures. Avec l'araire Dombasle, un laboureur actif peut en retourner facilement 600 dans sa journée.

La charrue à vapeur donne de bien autres résultats : c'est de 8 à 10 hectares de terre qu'elle permet de labourer à 15 centimètres de profondeur en dix heures; elle donne le moyen d'exécuter des défoncements presque impossibles par le moyen des animaux. Dans ces conditions, chaque homme employé à la manœuvre de l'appareil à vapeur fait avec moins de fatigue l'ouvrage de vingt piocheurs ou de cinq laboureurs au moins.

De même, en empruntant un autre exemple, l'homme qui travaille à la faux mettra six jours à faire la besogne d'un homme conduisant une machine à faucher ou à moissonner.

L'arracheuse de pommes de terre, la faneuse, le râteau à cheval, la machine à battre, en un mot tous les outils perfectionnés, fournissent des résultats analogues.

Ainsi, on peut dire que l'introduction du matériel perfectionné dans une ferme a pour résultat d'accroître la puissance productive de l'homme, et de permettre, avec le même personnel, d'exécuter une quantité d'opérations beaucoup plus grande. La machine reporte sur l'animal de trait ou sur le moteur inanimé le rude labeur, les efforts toujours pénibles, souvent dangereux, que doivent faire les moissonneurs, les faucheurs, les batteurs, etc.; elle assigne à l'homme son véritable rôle, celui de la direction, celui de l'intelligence; elle permet enfin de mieux rétribuer l'ouvrier, d'accroître son bien-être en donnant la possibilité de lui faire faire la besogne de deux ou trois hommes et plus dans le même temps, de mieux soigner les cultures, grâce à ce gain de force disponible, et de produire ainsi davantage et plus économiquement. Son adoption est donc à la fois une œuvre de progrès et une œuvre d'humanité.

L'agriculture, a-t-on coutume de dire, est arriérée; elle est loin d'avoir suivi la marche de l'industrie : celle-ci, en effet, appelant la science à son aide, est parvenue à vaincre, autrement que l'agriculture, les difficultés résultant de l'insuffisance de la main-d'œuvre et des matières premières, qui entravaient son développement. Grâce à son énergie et au concours de la science, elle a créé ces merveilleuses machines qui remplissent les galeries de chaque Exposition universelle et causent l'étonnement du monde. Le génie de Whitworth lui a fourni ces outils si petits, et si puissants cependant, qui permettent de couper et de raboter le fer avec autant de facilité que le bois. Arkwright l'a dotée du métier mécanique, à

l'aide duquel l'Angleterre arrive à fabriquer une quantité de fil qui exigerait, pour être faite à la main, 100 millions de fileuses expérimen-
tées. Un Américain a imaginé la machine à coudre, avec laquelle une
femme fait à la minute 640 points, alors que la couturière la plus habile
peut à peine en faire 23. La machine de Tailbouis est capable, guidée par
une seule ouvrière, d'exécuter le travail de 6,000 tricoteuses à la main.
Nous pourrions multiplier ces exemples en signalant les prodiges réalisés
par les découvertes de Jacquard et de tant d'autres inventeurs qui ont
illustré la France.

L'industrie manufacturière a réussi à centupler, et bien au delà, la
puissance productive de l'homme; chaque année, la masse des matières
premières qui traversent ses usines s'accroît par l'activité fiévreuse de
l'homme à rechercher, dans les entrailles de la terre et à la surface du
globe, tout ce qui peut satisfaire ses besoins; chaque année, ce sont de
nouveaux matériaux que la chimie lui apprend à utiliser; chaque année,
ses déchets diminuent, et elle parvient à en extraire de nouveaux produits
qui accroissent les ressources de l'industrie ou de l'agriculture. Qui ne
connaît aujourd'hui ceux que l'on tire des résidus de la distillation de la
houille, donnant ainsi une fois de plus raison à cette belle définition du
charbon minéral : *un rayon de soleil condensé, solidifié avec sa puissance
calorifique et les splendeurs de ses couleurs?*

Non, l'agriculture n'a pas réalisé d'aussi étonnants progrès; elle est
restée plus terre à terre, plus humble dans la manifestation de ses découvertes. Mais est-ce sa faute? et les reproches qu'on ne cesse de lui adresser
pour cela sont-ils mérités?

Quand on compare l'agriculture à l'industrie, on oublie que celle-ci
procède différemment que celle-là. Le but est sans doute le même, la satisfaction des besoins de l'homme; mais les moyens sont bien autres.

Dans l'industrie manufacturière ou minière, les forces mises en jeu sont
relativement limitées, et toutes à la discrétion de l'homme; il est maître du
travail. Dans une filature, par exemple, que fait l'industriel afin d'accroître
la masse du fil fabriqué? Pour la matière première, il n'a qu'à en acheter;
si le marché est insuffisant, il élève ses prix, il active la production, sti-
mule le commerce des transports; au besoin, il recherche de nouvelles
sources à exploiter : c'est une question d'argent, il n'y a là rien d'embar-
rassant. Pour le travail du filage, s'il n'a pas un nombre de bras en rapport avec ses besoins, il s'adresse à la mécanique, afin d'en obtenir un métier
à l'aide duquel une femme puisse filer beaucoup plus. La machine une fois
conçue, il n'y a plus, pour lui, qu'à produire la force nécessaire pour faire
mouvoir les organes appelés à remplacer le doigt de l'ouvrière. S'il a

20,000 ou 30,000 broches dans l'usine, il n'a qu'à produire la force que dépenseraient 20,000 ou 30,000 femmes pour étirer le coton, en tordre le brin et le rouler sur la bobine : or cette force n'est pas considérable et rien n'est plus facile que de se la procurer.

Dans la métallurgie, il en est encore de même; la question est toujours d'obtenir, soit par la vapeur, soit à l'aide de la force développée par la chute d'un poids d'eau, ou par tout autre moyen, une quantité de force déterminée. Qu'il s'agisse d'élever un marteau-pilon de 50,000 kilogrammes pour marteler une masse de fer, ou de faire fonctionner un outil en acier sur un arbre de couche à roder, le problème à résoudre est toujours d'avoir des matières premières à manipuler et du charbon à brûler; or il est dans la puissance de l'homme de pouvoir augmenter l'un et l'autre.

Dans la production des denrées agricoles, les conditions sont bien différentes; l'homme n'est plus le maître absolu des forces en jeu; son travail ne compte que pour une très-minime valeur dans la fabrication d'un sac de blé, d'un kilogramme de viande ou d'une balle de laine.

Pour faire du grain ou du fourrage, quel est en effet le rôle du cultivateur? Il laboure son terrain, il l'ameublit, il le fume, il l'ensemence; là finit sa tâche; mais, loin que tout soit terminé, à ce moment commence le travail des agents naturels : c'est par l'action de ces forces que le carbone, l'azote, l'eau et les matières minérales de l'atmosphère et du sol se fixent dans les plantes, forment des tissus vivants, et, dans ces tissus, la fécule et le gluten de nos céréales, l'huile de nos végétaux oléagineux, le sucre de nos betteraves, la filasse de nos plantes textiles, le principe colorant de la garance et du safran, l'alcool et le bouquet de nos vins, etc. Quand la matière utile a été fabriquée ainsi, l'homme reprend l'œuvre achevée; il l'enlève des champs et n'a plus qu'à la préparer pour les besoins de l'alimentation publique ou de l'industrie. Pour sa part, il a, dans cette fabrication, dépensé bien peu de force; on peut l'évaluer, pour la culture du blé, à 30 ou 35 journées de cheval attelé par hectare. Son travail ne dépasse pas celui de 11 à 12 chevaux-vapeur pendant vingt-quatre heures. Quelle a été, au contraire, la dépense de force effectuée par la nature pour faire ce même blé? Les découvertes de la physique moderne nous permettent de nous en faire une idée assez exacte et de la calculer. Elle est énorme! Elle s'élève, pour une récolte moyenne, à celle que produiraient 2,600 chevaux-vapeur travaillant pendant vingt-quatre heures ou à 7,800 journées de cheval; et ce calcul est applicable à toutes les cultures, à peu de différence près.

En d'autres termes, tandis que, pour l'exploitation d'une ferme de 100 hectares, l'agriculteur ne consacre guère que le travail de 8 à 10 chevaux de trait et d'une douzaine d'ouvriers, la nature lui fournit en force l'équivalent de ce que lui donnerait une machine à vapeur de 1,300 chevaux travaillant sans répit ni relâche durant la période végétative.

Mais ces forces gratuites, l'agriculteur n'en a pas, tant s'en faut, la libre disposition : ce ne sont plus là des puissances immuables, comme la pesanteur, qui agissent simplement et à la moindre sollicitation. Elles sont au contraire multiples, ondoyantes, capricieuses on pourrait dire, et le cultivateur ne peut la plupart du temps que les regarder agir. Est-il surprenant qu'après cela les progrès soient si lents, si peu sûrs? Examinons maintenant quelle voie ils ont suivie pour faire sentir leur action à des puissances aussi complexes que libres dans leurs allures.

Le travail que commande l'homme n'entre, on vient de le voir, que pour une quantité bien minime dans la production agricole : il compte à peine pour 4 à 5 millièmes. Quels que soient par conséquent ses efforts, le cultivateur ne pourra jamais arriver à des résultats comparables à ceux de l'industriel; car, si le sol est l'usine, et si la plante représente pour l'agriculture la broche du filateur, cet outil ne saurait être multiplié indéfiniment sur le même terrain; un hectare ne peut en porter qu'une quantité déterminée. C'est la place qui manque au cultivateur; ni la matière première ni la force ne font défaut. La matière première remplit l'océan, inonde l'atmosphère, couvre la terre et constitue sa masse. La source en est inépuisable, elle se régénère sans cesse. Quant aux forces, elles sont pour ainsi dire incommensurables. En effet, le soleil déverse annuellement sur le globe une quantité de chaleur équivalente à celle que produirait la combustion d'une couche de houille de 25 centimètres d'épaisseur recouvrant la surface entière des terres et des mers; elle est telle, qu'elle suffirait pour fondre une couche de glace de 30 mètres d'épaisseur. La portion de cette masse de calorique que reçoit chacun de nos hectares de terre serait capable de fournir 1,500,000 chevaux-vapeur en activité pendant vingt-quatre heures, ou 4,400 chevaux-vapeur travaillant toute l'année!

Les plantes-outils qui recouvrent un hectare sont donc bien loin d'employer cette force immense au profit de la production; elles en utilisent à peine la millième partie, c'est-à-dire que, toutes choses étant égales d'ailleurs, il nous faudrait par hectare mille fois plus de plantes-outils que nous n'en pouvons cultiver, pour absorber toute la force que la nature met si libéralement à notre disposition. Or il y a là une impossibilité absolue, puisque le végétal, pour se développer, a besoin d'un certain espace.

Mais, si l'agriculteur rencontre cette première difficulté, il peut au moins faire comme l'industriel, étendre sa fabrique en mettant en valeur les terres incultes. Nous avons encore de 6 à 7 millions d'hectares en friche en France;

en les abandonnant ainsi, c'est comme si nous laissions sans emploi la force d'une machine à vapeur de 80 millions de chevaux. Le propre d'une société bien organisée est d'utiliser toutes les ressources naturelles qui existent à sa portée ; la mise en valeur des landes est donc un grand progrès à réaliser.

L'industriel ne se borne pas à agrandir ses usines quand il veut accroître sa production ; il cherche encore à augmenter le rendement de sa fabrication, en prenant des machines plus perfectionnées, en installant chez lui l'outillage capable, pour une dépense donnée, du plus grand effet utile. L'agriculture doit suivre la même voie et améliorer son outillage avec tout autant de soin.

Mais la plante-outil est-elle perfectible ? Est-il dans le pouvoir de l'homme de réagir sur son organisme, sur ses aptitudes, au point qu'elle puisse fabriquer une plus grande masse de denrées et donner un effet utile plus considérable ? Il n'y a aucun doute à cet égard. Toutes les espèces végétales n'ont pas la même faculté d'assimilation ; il en est des plantes comme des animaux : les unes ont un pouvoir considérable, les autres répondent à l'outillage d'un état peu avancé. Il y en a qui exigent une grande somme de chaleur pour mûrir et fournir les produits qu'elles fabriquent ; d'autres en demandent beaucoup moins pour produire la même quantité de matériaux. Les savants ont en quelque sorte donné la mesure de la puissance d'assimilation des espèces, par le nombre de degrés qu'exige chacune d'elles pour arriver à maturité. Les chiffres connus présentent des écarts assez considérables ; il est probable que ceux-ci durent être, dans les âges passés, bien plus grands, et que, à l'époque de la formation des immenses dépôts de charbon minéral exploités par l'homme, il y eut des végétaux doués d'une puissance d'assimilation du carbone supérieure à celle des plantes de l'époque actuelle.

Le cultivateur doit évidemment rechercher en ce cas et introduire dans sa culture les végétaux capables de rendre le maximum d'effet utile en fonction du sol qu'il possède et du climat dont il jouit. C'est là le but et l'utilité des recherches de l'acclimatation.

Mais, dans la même espèce, la plante-outil est elle-même susceptible d'être perfectionnée : telle variété produit plus que telle autre ; dans la même variété, tel sujet prend un développement considérable, et, à côté de lui, tel autre reste chétif. La plante, considérée comme outil, doit être améliorée de façon que, au lieu d'utiliser un millième seulement des forces naturelles, elle soit capable d'en utiliser davantage, et que toutes les inégalités de puissance productive entre les végétaux disparaissent. Pour cela, il faut appliquer la méthode qui réussit dans l'amélioration des espèces animales. Il faut procéder par la sélection et par une culture rationnelle et persévérante. Les travaux de MM. Vilmorin ont fait voir les avantages importants qu'on peut réaliser sous ce rapport. Hallett, George Hope, Lawes, Lawson, etc., ont obtenu, par un choix judicieux des porte-graines, par une culture soignée de leurs semences, des variétés de céréales dont la puissance productive, toutes choses égales d'ailleurs, a été notablement accrue. Un cultivateur français, M. Desprets, a exposé des betteraves (cet outil par excellence à l'aide duquel l'homme fabrique si avantageusement du sucre avec les éléments de l'atmosphère et de l'eau) dont la puissance productive peut être représentée par les chiffres 8, 10, 12, 18 et 24 p. o/o de sucre. Tous les végétaux cultivés doivent être l'objet d'améliorations de cette nature; ce qui a été obtenu par le génie de Bakewell et de Collins pour la race Durham, de Mac Combie pour la race d'Angus, d'Ellmann et de Jonas Webb pour la race Southdown, de Bakewell pour la race de Dishley, peut sans nul doute se réaliser avec tout autant d'avantage pour les plantes. Ce point beaucoup trop négligé, et dont on ne voit pas assez l'importance, mérite d'attirer l'attention des agronomes.

Mais ce n'est pas tout d'avoir une bonne plante-outil, il faut que celle-ci puisse fonctionner dans toute la plénitude de sa force, sans arrêt ni gêne. Il faut, par conséquent, qu'elle soit placée dans des conditions qui lui permettent de prendre tout son développement, d'acquérir la constitution et la vigueur dont elle est capable. Il suit de là qu'elle doit trouver un sol bien ameubli, bien nettoyé, bien assaini, pour le parfait développement de ses racines; il faut que la terre ait les propriétés physiques favorables à ses évolutions successives, qu'elle contienne en abondance les matières indispensables pour fabriquer, avec les éléments de l'air et de l'eau, les tissus vivants et les produits qu'on en attend. De là, la nécessité de marner les terres fortes, de drainer les sols humides, d'irriguer les sables desséchés, etc. L'amélioration de l'outil, en un mot, doit entraîner forcément celle du milieu où il doit opérer, c'est-à-dire du sol, sans quoi elle serait annulée en grande partie, puisque l'outil ne pourrait manifester toute la puissance productive dont il est doué.

De là, surtout, nécessité absolue pour l'agriculteur, non-seulement d'obéir à la loi de restitution, mais encore d'enrichir continuellement son sol, pour accroître le coefficient d'utilisation des forces naturelles, réduire la masse de ces forces restant sans emploi; par conséquent, devoir impérieux, inexorable, de ne pas perdre un atome de fumier, d'utiliser sans exception tous les détritus de la consommation humaine, eaux d'égout[1], vidange,

_____

[1] La ville de Paris, grâce aux travaux persévérants de MM. Mille et Durand-Claye, est en train, dans la plaine de Gennevilliers, de faire réparation à l'agriculture du tort qu'elle

résidus d'usine, etc., les eaux d'irrigation chargées des principes minéraux enlevés aux flancs de nos coteaux, et toutes les substances minérales faisant partie de la constitution du végétal et de ses produits, et qu'on trouve éparses soit à la surface du globe, soit dans les entrailles de la terre ou dans les eaux de l'Océan. Ces substances sont indispensables à la plante; c'est la seule matière première que l'homme ait à fournir; elle n'entre que pour quelques centièmes à peine dans la masse du végétal. La nature lui laisse toujours une fraction minime du travail à faire, c'est bien le moins qu'il apporte, sous ce rapport, sa pierre à l'édifice.

Ces considérations, quelque abstraites qu'elles puissent paraître, ont leur importance : elles simplifient les termes de la question agricole; elles montrent en quoi l'agriculture touche à l'industrie manufacturière, en quoi elle s'en éloigne, en quoi elle peut imiter ses efforts, en quoi elle serait impuissante à réaliser les mêmes progrès; elles renferment tout le programme des améliorations agricoles à exécuter, savoir :

1° Élever la puissance productive de la plante-outil;

2° Placer celle-ci dans les conditions propres à lui permettre de donner tout son effet utile.

Le problème est sans doute plus difficile à résoudre que celui que présentent les industries manufacturières. L'étude de la matière vivante est plus délicate, les expériences sont plus lentes, plus minutieuses, plus hérissées d'obstacles; mais les ressources de la science sont tellement grandes, qu'avec son concours l'agriculture saura bien trouver les solutions pratiques et réaliser des progrès, sinon aussi saisissants, au moins comparables, dans une juste proportion, à ceux des manufactures.

Un autre reproche que l'on adresse souvent à l'agriculture, et que nous ne pouvons passer sous silence, est celui d'être routinière, dans le mauvais sens du mot, c'est-à-dire hostile au progrès, ou, du moins, lente à l'accepter pour en faire son profit.

Il y a là également une erreur, ou plutôt une exagération. L'agriculture n'est pas plus rebelle au progrès que les autres industries.

Le progrès est en effet, avant tout, une œuvre de nécessité; l'homme est le même partout et pour tout; il ne consent, il ne se décide à modifier ses habitudes qu'autant qu'il y est contraint.

D'un autre côté, le progrès se produit d'autant plus lentement que l'industrie touche à des intérêts plus considérables; on ne met en mouvement une grande masse qu'avec une force proportionnelle, et la vitesse est en raison inverse de la masse. Cette loi de la mécanique est parfaitement

lui causait en jetant chaque année dans la Seine ses 100 millions de mètres cubes d'eaux d'é- | goût. Espérons que les autres villes suivront ce sage exemple.

applicable au cas qui nous occupe. Or l'agriculture représente une masse plus considérable que n'importe quelle autre industrie; elle couvre de ses usines la surface entière du territoire; elle compte 20 millions d'intéressés et un capital de 100 milliards au moins.

Ce n'est pas évidemment du jour au lendemain qu'on peut transformer une semblable industrie. Au reste, qu'ont fait les manufacturiers eux-mêmes pendant de longues années?

Tant que les fils, les tissus, les fers, etc., ont été protégés contre la concurrence étrangère par des droits élevés, ils se sont préoccupés bien peu des progrès réalisables alors; ils gagnaient suffisamment avec leur vieil outillage; ils n'en demandaient pas davantage. Arkwright avait beau inventer son admirable métier *self-acting*, Whitworth, de Manchester, les machines-outils, un autre les puissants marteaux à vapeur, les usines restaient ce qu'elles étaient. Nul progrès et nul besoin de progrès ne s'y manifestaient : la loi avait la prévoyance de tout. Qu'avaient-ils besoin de faire les dépenses considérables et l'expérience toujours coûteuse d'un nouvel agencement? Quand la réforme commerciale est venue les menacer et compromettre leurs intérêts, le progrès s'est fait rapidement; mais seulement alors. Les vieux métiers, les procédés défectueux disparurent comme par enchantement, pour faire place aux machines perfectionnées qui fonctionnaient déjà depuis longtemps en Angleterre. Ce fut une véritable fièvre, car il s'agissait d'être ou de ne pas être.

L'agriculture n'a jamais procédé autrement: le progrès y est lent, parce que la nécessité est lente à se produire, parce qu'on n'y prévoit pas, à quelques rares exceptions près qui passent inaperçues, les besoins de l'avenir. On obéit aux nécessités quand elles sont tellement pressantes qu'on ne peut reculer plus longtemps. L'histoire de la machine à moissonner nous en offre la preuve la plus manifeste. Le révérend Patrick Bell, dans une ferme située au fond de l'Écosse, avait, dès 1826, inventé une machine à moissonner. Cet instrument, expérimenté dans les environs de Forfar, avait donné de bons résultats. Ce n'était pas l'antique et informe appareil employé par les Gaulois, c'était une machine bien conçue mécaniquement et susceptible de rapides perfectionnements, puisque c'est sur elle que se sont modelés, en quelque sorte, tous les types de moissonneuses de notre époque. Elle n'avait de commun avec la machine de nos ancêtres que le mode d'application de la force : les animaux la poussaient devant eux. Cependant cette machine ne se répandit pas; elle tomba dans l'oubli jusqu'en 1851. Pendant ce temps, la colonisation des États-Unis marchait à grands pas, par suite de l'émigration de l'Irlande; les colons commençaient à refluer vers les immenses plaines que baignent le Missouri et le

Mississipi, et s'avançaient dans les prairies du Grand-Ouest, contrée fertile, apte à la grande culture des céréales et admirablement située pour l'écoulement de ses produits par les voies fluviales et les lacs du Nord. Les défrichements s'y firent de toutes parts. Mais ce n'est pas tout de semer, il faut récolter; il faut surtout pouvoir moissonner avant que les pluies et les tempêtes parties des montagnes Rocheuses viennent compromettre les récoltes. Il était donc indispensable d'avoir des procédés expéditifs, la population ne suffisant pas au travail. Mac Cormick eut un éclair de génie, et, n'ayant, paraît-il, aucune connaissance des essais de Patrick Bell, inventa sa machine à moissonner. Cette fois, la découverte causa une très-vive sensation dans le monde agricole, parce qu'elle arrivait à l'heure convenable. Bientôt Wood fabriquait son admirable faucheuse. Des milliers de moissonneuses se répandirent immédiatement aux États-Unis. La guerre de sécession, en enlevant aux champs tous les bras, fit le reste. Aujourd'hui il n'est presque pas de ferme, dans l'Amérique du Nord, qui ne possède et la moissonneuse et la faucheuse.

Les machines de Mac Cormick et de Wood avaient franchi l'Atlantique, la première dès 1852 et la deuxième en 1855; mais leur propagation se fit lentement dans le vieux monde. L'Angleterre fut la première à s'en servir. En France, ce n'est que depuis peu d'années qu'elles sont véritablement entrées dans la pratique des fermes. Tant que l'hectare de pré à faucher ne coûtait que de 10 à 12 francs, que l'hectare de froment était moissonné à raison de 20 à 25 francs, personne, à quelques rares exceptions près, ne voulait en entendre parler; ceux qui en avaient les tenaient surtout pour maintenir les prix à un taux convenable et empêcher les demandes exagérées du moissonneur. Les agriculteurs craignaient les représailles, et soutenaient à peu près tous que ces appareils, qui pourtant fonctionnaient par centaines de mille aux États-Unis, n'étaient pas pratiques, qu'ils avaient besoin de perfectionnements; on aurait voulu qu'ils marchassent tout seuls! Mais, depuis que les conditions se sont modifiées par la difficulté de trouver les bras nécessaires pour faire toutes les moissons et par le prix excessif réclamé par les faucheurs, on les a trouvés excellents. Dès lors, le progrès n'a fait que s'accentuer davantage. Les entrepôts avaient peine l'an dernier à répondre aux demandes, et nous avons pu voir, au moment de la dernière moisson, ces machines faire prime dans le département de Meurthe-et-Moselle.

De toutes parts, la moissonneuse et la faucheuse entrent dans la pratique, et on peut certainement évaluer à plus de trois mille le nombre de ces appareils qui fonctionnent dans les onze départements du Nord-Est seulement.

La machine à battre, qu'un autre Écossais, Meikle, a inventée en 1779, a suivi les mêmes phases, et le son monotone du fléau a cessé peu à peu de se faire entendre dans les campagnes.

L'agriculture ne mérite donc pas tous les reproches qu'on lui adresse; le progrès agricole est, comme celui de l'industrie, la conséquence du besoin; il se développe exactement de la même manière et en vertu des mêmes causes. Nous ne nions pas toutefois qu'avec la diffusion d'une bonne instruction professionnelle, avec le concours des sciences, il ne soit possible de donner à cette branche importante de l'industrie humaine une nouvelle impulsion et une marche plus décisive dans la voie des améliorations. C'est là une opinion que nous aurons l'occasion de développer et de soutenir; pour le moment nous n'avons voulu que la mentionner.

Ces considérations posées, nous allons aborder le sujet principal de ce rapport, à savoir :

Quelles sont les améliorations que l'Exposition de Vienne nous a révélées, et quels sont les enseignements à tirer de cette exhibition des produits et des machines des deux mondes?

II

DISPOSITIONS GÉNÉRALES DE L'EXPOSITION DE VIENNE.

Le rapport d'ensemble de M. le Ministre de l'agriculture et du commerce [1] a fait connaître les dispositions adoptées pour le rangement des produits et des machines de l'industrie à l'Exposition de Vienne. Il a signalé le groupement des divers pays d'après leur position géographique en latitude et en longitude; il a indiqué les inconvénients de la classification adoptée et de la dissémination des objets de même nature.

L'exposition des produits et des machines de l'agriculture a été faite d'après le même ordre d'idées. Un certain nombre de pays ont confondu dans les mêmes galeries les produits agricoles avec les matières premières et les marchandises manufacturées provenant des autres industries humaines : c'étaient les pays de moindre importance ; les autres ont placé leurs produits et leurs machines agricoles dans deux pavillons isolés. Ces constructions, qui ne manquaient pas d'une certaine élégance, occupaient avec leurs galeries annexes et leurs cours intérieures 32,000 mètres carrés, et formaient deux groupes distincts, situés aux extrémités du Palais, en arrière de la façade Nord de celui-ci, à environ 200 mètres de distance.

Ces pavillons portaient respectivement, d'après leur situation, les noms

[1] Voir le *Journal officiel* du mois d'octobre 1873, page 6066.

de *Pavillon agricole de l'Est* et de *Pavillon agricole de l'Ouest*. Le pavillon de l'Ouest était placé entre la grande galerie des machines et le Palais de l'industrie. Le pavillon de l'Est était situé à 80 mètres à l'extrémité de la galerie des machines, et dans son prolongement; il faisait face au Palais de l'exposition des beaux-arts.

Le pavillon occidental renfermait les machines et les produits agricoles des pays ci-après :

États-Unis de l'Amérique septentrionale ;
Grande-Bretagne ;
France ;
Italie, Suisse, Belgique, Hollande, Danemark ;
Suède et Norwége.

Le pavillon situé à l'Est contenait les expositions agricoles de l'Empire allemand, de l'Autriche, de la Hongrie et de la Russie.

Ces deux groupes de pavillons étaient séparés l'un de l'autre par un espace de 800 mètres environ. Cet intervalle était occupé par de nombreuses constructions en bois, qui renfermaient des expositions collectives de toutes natures. Parmi elles s'en trouvaient de très-intéressantes, entre autres celle du prince de Schwartzemberg, celle du ministère de l'agriculture d'Autriche, celle du prince de Saxe-Cobourg-Gotha, la ferme alsacienne, qui devait être la proie d'un incendie dans le mois d'août ; tout à fait au bout de l'exposition, près de la porte occidentale de sortie, on trouvait des types de ferme suédoise, d'habitation rurale du Tyrol, de la Carinthie, etc. Dans la partie du parc située en avant de la façade Sud du Palais de l'industrie, il y avait les expositions d'horticulture, les pépinières, la vacherie du ministère de l'agriculture d'Autriche, des spécimens de maison de paysan hongrois, de cultivateur de la Styrie et de l'Istrie, l'exposition de la principauté de Monaco, le tout entremêlé d'un nombre considérable de restaurants et de buvettes.

L'exposition agricole était ainsi dispersée dans de nombreux bâtiments isolés les uns des autres et disséminés dans toutes les parties du parc, ce qui n'était pas de nature à en faciliter l'étude. La section la plus intéressante de cette exhibition se trouvait toutefois renfermée dans les deux grands pavillons de l'Est et de l'Ouest.

Un seul Jury a été chargé d'examiner les produits et les machines de l'agriculture. Ce Jury, présidé par M. le comte Potocky, grand propriétaire autrichien, était composé de soixante-sept membres appartenant à toutes les nationalités ayant pris part à l'exposition du groupe II, et se répartissant de la manière suivante :

Autriche. . . . . 12 membres.
Hongrie. 10
Allemagne. 9
France. 8
Italie. 5
Espagne. 4
Suisse. 3
Angleterre. 2
Russie. 2
Suède. 2
Norwége. 1
Belgique. 1
Pays-Bas. 1
Portugal. 1
Roumanie. 1
États-Unis. 1
Brésil. 1
Égypte. 1
Japon. 1

Pour l'accomplissement de ses travaux, le Jury s'est divisé en six sections, savoir :

1re Section. Agriculture, substances alimentaires et plantes médicinales, tabac, plantes fournissant des matières textiles, tinctoriales, des huiles, des parfums, engrais et matières fertilisantes, établissements d'instruction agricole, modèles, dessins, statistique de la production.

2° Section. Produits de l'élevage des animaux domestiques, peaux à l'état brut, plumes, poils, crins, laines, cocons de vers à soie.

3° Section. Produits de l'exploitation et des industries forestières, tourbe et ses dérivés.

4° Section. Culture de la vigne et des arbres fruitiers, horticulture.

5° Section. Matériel et procédés concernant la production, le transport et l'emmagasinage des produits mentionnés ci-dessus (machines et instruments agricoles).

6° Section. Pêcheries; instruments pour la pêche et produits bruts des chasses et des pêcheries.

Les diverses sections ont fonctionné isolément et fait leurs listes en jugeant les produits et les machines de chaque pays sans les comparer à ceux des autres contrées. Les récompenses ont été attribuées définitivement, sur la proposition des jurys de section, par le Jury du groupe réuni en assemblée générale.

Les opérations du groupe II, commencées le 17 juin, ont été closes le 31 juillet suivant.

Les récompenses ont été classées de la manière suivante :

1° Diplôme d'honneur, la plus haute récompense, accordée pour mérite exceptionnel ;

2° Médaille de progrès, récompense venant après le diplôme d'honneur ;

3° Médaille de mérite ;

4° Le diplôme de mention honorable, ou mention honorable, était la dernière récompense.

Dans chaque section, les jurys ont classé les exposants par ordre alphabétique et par nationalité.

Dans l'étude des progrès qui se sont manifestés à l'Exposition de Vienne, nous suivrons le même ordre; nous passerons en revue l'exposition de chaque contrée en commençant par le premier pays que nous rencontrons à l'occident, les États-Unis de l'Amérique du Nord.

III

ÉTATS-UNIS DE L'AMÉRIQUE SEPTENTRIONALE.

Si l'on jugeait de l'importance agricole d'un pays par la surface qui lui a été affectée dans l'enceinte du parc de l'Exposition, on commettrait une très-grave erreur.

Les États-Unis d'Amérique ont un territoire grand comme le continent européen, un milliard d'hectares. L'exploitation du sol par les fermes porte sur une surface de 200 millions d'hectares dont 110 millions sont en culture [1].

Les fermes y représentent une valeur de 46 milliards de francs. Le matériel agricole y compte pour 1,685 millions de francs. La valeur du bétail s'élève au chiffre énorme de 7 milliards 625 millions, et celle de la production agricole monte à plus de 10 milliards par an.

Ce pays, qui au commencement de ce siècle comptait seulement 5 millions d'habitants, en a aujourd'hui plus de 40; en 1870, il a produit 600 millions d'hectolitres de céréales, 1 milliard de kilogrammes de coton et 150 millions de kilogrammes de tabac.

_____
[1] Statistique de 1870.

Les États-Unis, qui offrent au monde l'exemple d'un développement unique dans l'histoire des sociétés, n'occupaient cependant à l'Exposition universelle qu'une surface relativement très-restreinte.

L'espace que couvraient leurs produits de toutes sortes était moindre que celui qu'embrassait l'exposition de la Belgique; il égalait à peine celui de l'exposition de la Suisse, et était bien inférieur à celui de l'Angleterre, l'Allemagne, l'Autriche, la France et la Russie; la Turquie et l'Italie avaient chacune le double d'étendue affecté à leurs matières premières et à leurs denrées manufacturées.

Dans le Palais des produits de l'industrie, les États-Unis avaient 1,358 mètres carrés, chemins compris, et 1,250 mètres carrés dans le grand bâtiment des machines industrielles. Enfin leurs machines agricoles occupaient à peine 100 mètres carrés dans le pavillon oriental de l'agriculture. C'était en tout 2,708 mètres carrés, ou 1 mètre par 300,000 hectares de superficie.

Ce fait n'a pas lieu de surprendre : le peuple des États-Unis est essentiellement réaliste; il ne se paye jamais de mots ni de démonstrations vaines. Les petites satisfactions de l'amour-propre comptent pour peu avec lui; l'ostentation ne le touche pas; celle-ci ne lui importe qu'autant qu'elle peut lui être d'une utilité immédiate ou prochaine et lui rapporter quelque chose; aussi son exposition contrastait-elle singulièrement avec celle de beaucoup d'autres pays, qui ont encombré leurs galeries de collections de musées, d'objets de curiosité, de reliques ou de trésors plus ou moins riches, plus ou moins rares, et cela pour exciter uniquement l'admiration des visiteurs.

Tout ce qui se voyait dans l'exposition américaine avait, au contraire, un but bien marqué; il ne s'y trouvait rien qui ne portât. On y rencontrait les machines et les matières premières qui sont l'objet d'un grand commerce ou qui sont susceptibles de devenir une branche importante d'exportation; on y trouvait encore tout ce qui peut frapper l'imagination des visiteurs d'une façon favorable, leur inspirer l'envie de se fixer au milieu des contrées qui produisent de si merveilleuses richesses, et par suite entretenir ou accroître ce courant formidable d'émigrants qui enlève régulièrement chaque année à la vieille Europe une partie de ses enfants et de ses forces vives [1].

[1] De 1820 à 1870, le nombre total des émigrants arrivés aux États-Unis a été de 7,500,000, représentant une valeur de 42 milliards du capital le plus précieux pour un État, c'est-à-dire du capital humain. La France est entrée dans le chiffre de ces émigrants pour 255,000, les îles Britanniques pour 3,857,000, et l'Allemagne pour 2,367,000. A chaque révolution ou grande crise survenue en Europe correspond une augmentation notable dans

Tel était le but de ces magnifiques balles de coton empilées comme un trophée en tête des galeries américaines, de ce magnifique arbrisseau couvert de capsules soyeuses comme si les flocons de neige s'y étaient condensés ; tel était le but de cette riche collection de tabac du Kentucky; de l'exposition de produits agricoles, de fruits, de légumes, faite par la compagnie du chemin de fer du Grand-Pacifique, qui a tant de terres à vendre et à coloniser; de l'exposition du gouvernement, des états, des villes, des communes rurales, qui, faisant étalage des immenses ressources consacrées par ce pays à l'éducation de l'enfance et des adultes, offraient un nouvel appât aux Européens et provoquaient à l'émigration.

Des échantillons de sels, de minerais, de marbre, de houille, de schiste, de pétrole; des photographies montrant la richesse du pays au point de vue des mines et même du pittoresque et de la splendeur de la nature dans les montagnes ; rien ne manquait pour allécher les visiteurs et les attirer vers ces contrées, comme vers un Eldorado sans pareil. Voilà pour la colonisation.

Dans le hangar qui servait d'abri aux machines, on ne trouvait guère, en dehors d'une grande collection de machines à coudre, que des moissonneuses et des faucheuses, c'est-à-dire les instruments que les Américains manufacturent sur une vaste échelle, et qui sont pour eux l'objet d'un commerce considérable. Quant aux semoirs, aux charrues et aux houes, on ne les y voyait qu'en petit nombre, les fabricants sachant bien qu'ils ne sont pas en état de faire concurrence pour ces articles aux usines de l'Europe.

On y rencontrait, par contre, quantité de tondeuses de gazon et de belles collections d'outils en acier, tels que pelles, fourches, faux et râteaux d'une légèreté et d'une solidité remarquables : ce sont toujours là des articles d'exportation.

En dehors de ce qui peut aider à la colonisation ou au commerce, il n'y avait plus rien.

Le nombre des exposants de produits agricoles a été de quarante seulement; celui des machines de tout genre, de cent cinquante, dont une trentaine pour les instruments d'agriculture.

Les principaux produits exposés par les États-Unis ont été des céréales, d'une part, et, de l'autre, du coton, du tabac, du chanvre et une certaine quantité de produits d'origine animale.

Parmi les céréales exposées, nous devons une mention toute particu-

l'émigration vers les États-Unis : ainsi, les événements de 1870 ont été favorables aux États-Unis ; l'émigration européenne a été, en 1871, de 1,000 personnes par jour: en 1872, ce nombre a été dépassé : il s'est élevé à 449,030 individus.

lière aux beaux échantillons de la compagnie du chemin de fer du Grand-Pacifique. Les blés appartiennent presque tous à la variété des froments tendres et de couleur claire. Les blés roux étaient en minorité. Une variété blanche, le blé touzelle d'hiver, était surtout remarquable; son poids était de 78 kilogrammes à l'hectolitre. La compagnie du Pacifique n'avait pas seulement exposé ses froments en sac; elle avait eu le soin de les accompagner de belles gerbes faisant voir la qualité et la grandeur de la paille de chaque variété.

On y voyait des gerbes de froment touzelle dont la hauteur atteignait 1^m.70, des gerbes d'avoine blanche de 1^m,70 à 2^m,00; des bottes de fourrage de trèfle et de timothée de 1^m,20 de hauteur.

Les orges exposées étaient aussi fort belles et appartenaient à la variété *chevalier*.

Une magnifique collection de maïs en épis et en grains, des spécimens de sparte aussi beaux que ceux qu'on exploite en Algérie et en Espagne, des échantillons de fruits et des dessins de légumes de toutes sortes complétaient cette curieuse exposition.

L'Orégon avait également exposé de belles céréales, parmi lesquelles il faut citer le blé d'hiver, dit *blé blanc mammouth*, qui est très-fin, tendre, et fournit une farine de choix; le *blé mammouth* de printemps à grains blancs, plus arrondis et plus petits; le *golden amber*, variété d'hiver à grains de grosseur moyenne, de couleur pâle, blanche, et à aspect translucide; le *touzelle d'hiver*, jaune foncé à gros grains.

Nous signalerons aussi, parmi les autres céréales exposées par les États-Unis, une variété de blé blanc de printemps, à petits grains ovoïdes, pointus à leurs deux extrémités, durs sous la dent, et connus sous le nom de *White Club Wheat*; ce froment provient du pays des Mormons; cultivé pendant dix ans à peu de distance du lac Salé (État d'Utah), il a montré des qualités qui le font préférer, dans ces lointaines contrées, à toutes les autres variétés; il aurait l'avantage, assure-t-on, de résister aux plus grandes sécheresses; il viendrait bien, même dans les contrées où il ne pleut presque jamais, tout en donnant un rendement élevé, 40 hectolitres par hectare, du poids de 85 kilogrammes par hectolitre. Quelque exagération qu'il doive y avoir dans ces indications, ce blé n'en mérite pas moins notre attention. Il serait désirable que l'essai en fût fait dans les districts de la France les plus exposés aux grandes sécheresses, et en Algérie surtout. Cette variété réaliserait-elle la moitié seulement des avantages signalés par les commissaires américains, que sa propagation serait encore précieuse pour le midi et surtout pour nos colonies.

Le froment de printemps des montagnes Rocheuses (*Rocky Mountain*

Spring Wheat) présenterait des qualités et des caractères analogues; il est recommandé pour les terrains pierreux; c'est aussi un blé à grains petits, très-durs et très-lourds. Le poids de l'hectolitre dépasse 85 kilogrammes, si l'on s'en rapporte aux renseignements inscrits sur les échantillons.

L'exposition des maïs, comme à l'Exposition de 1867, présentait, à Vienne, une très-grande diversité de variétés. C'est la plante par excellence de la culture américaine. C'est aussi le grain qui de beaucoup rend le plus aux États-Unis dans les conditions actuelles de la culture. Ainsi, tandis que le froment produit à grand'peine 12 à 13 hectolitres par hectare, il n'est pas rare que le maïs en donne 35 et même 40. La moyenne générale du rendement est de 25 hectolitres à l'hectare; aussi les variétés de maïs cultivées dans les États de l'Union pullulent-elles : on voyait sur les tablettes de l'exposition américaine des épis de toutes grandeurs et de toutes couleurs, portant des grains de toutes formes et de toutes grosseurs, depuis le maïs perlé jusqu'au gros maïs de l'Illinois et du Nicaragua. L'Europe méridionale n'a toutefois rien à envier sous ce rapport aux États-Unis.

Les nombreux échantillons de tabac exposés à Vienne témoignent de l'importance qu'attachent les Américains à cette culture. On peut dire que cette plante, en fournissant du capital aux premiers colons établis sur les pentes des Alleghanys, a été pour les États-Unis le premier et l'un des plus puissants moyens de leur développement. La Virginie, l'Ohio, le Missouri, la Louisiane, le Kentucky, en ont exhibé de très-belles feuilles qui provenaient de la récolte de 1871 et de 1872. Quand on songe aux immenses ressources qu'ont trouvées les États-Unis, à leur origine, dans les profits de cette culture, on en vient à regretter de voir notre colonie algérienne, essentiellement apte à cette culture, si pauvre cependant de ce produit. L'Algérie, on ne saurait trop le répéter, profiterait plus de l'extension donnée à cette production que de tout autre encouragement. Par elle, les colons arriveraient à gagner ce qui leur manque le plus, l'argent, et il n'est rien qui active autant l'essor d'une colonie que la prospérité de ses premiers habitants; celle-ci est un aimant irrésistible. À un moment, la culture du tabac s'était pourtant développée en Algérie, elle y était en vogue; les colons amassaient du capital; on s'en apercevait déjà, le travail intérieur était plus actif : malheureusement, des difficultés, des exigences parfois justifiées par la mauvaise qualité des produits présentés, ont amené le découragement des planteurs algériens, ont réduit presque à rien l'étendue consacrée à cette culture, et ralenti, au détriment de la colonisation, le progrès commencé. L'exemple des États-Unis ne devrait cependant pas être oublié ni perdu; le résultat mérite quelques ménagements, quelques sacrifices, au début surtout. N'oublions jamais que l'argent gagné par le travail agricole vaut plus que l'argent donné ou dépensé en primes ou en constructions de maisons; il vaut plus encore que l'or trouvé dans le sol; l'histoire de l'Amérique espagnole en est la preuve.

Les États-Unis ne méconnaissent pas les services qu'ils doivent à la culture du tabac; mais c'est au coton, au *roi-coton*, au *dieu-coton*, qu'ils rendent le plus d'honneurs; aussi sa place était-elle marquée dans l'Exposition. En tête des galeries occupées par les produits de l'Amérique, se voyait un cotonnier couvert de centaines de capsules épanouies; il était là l'emblème de la richesse et de la puissance qu'il donne au pays; derrière lui se dressait, comme un trophée, une pile de balles de coton de la Louisiane et de la Géorgie. Le coton longue soie de cette dernière contrée attirait vivement l'attention par sa finesse, son élasticité et l'aspect soyeux de ses fibres. De tous les États, la Louisiane est celui qui a fait la plus belle exhibition de cette sorte de produit. Un exposant de la Nouvelle-Orléans avait présenté une intéressante collection de tiges de coton venues dans différents sols et de semences diverses, avec capsules fermées et ouvertes, montrant l'état de la matière textile dans toutes les phases de sa formation. Le Missouri et le Tennessee en avaient aussi exhibé quelques beaux échantillons. La culture du coton reste toujours cantonnée sur les deux rives du cours inférieur du Mississipi et sur le versant oriental de la portion sud de la chaîne de l'Alleghany, dans l'Alabama, la Géorgie et les Carolines. Elle ne s'étend pas au delà.

En dehors de ces produits, qui formaient le fond de l'exposition américaine, on ne trouvait plus que des spécimens de chanvre, de lin, de crin végétal cueilli sur les branches d'un arbre de la Louisiane, de cannes à sucre, des échantillons de guano, de poudre d'os, etc., qui n'offraient rien de particulier à signaler.

Quelques bouteilles de vin, décorées de noms plus ou moins pompeux, attiraient les regards; les imitations de vins de Champagne abondaient surtout, sous le nom de vins mousseux de Catawba, de *mousseux impérial*, de *mousseux cachet d'or*, de *perles de Californie*, ou encore de mousseux *sans égal*. Ces produits, venus pour la plupart de l'Ohio, de la Californie et du Missouri, sont loin de valoir nos vins; mais on sent qu'il y a là des efforts que la persévérance américaine conduira à bonne fin.

La production des États-Unis est aujourd'hui de 117,000 hectolitres de vin. C'est sans doute bien peu pour la consommation qui s'y fait, et, quoique le progrès marche vite dans ces contrées, il est probable que l'Amérique du Nord restera encore longtemps tributaire de nos vins fins. Les importations de cette contrée, malgré des droits excessifs, montent encore à environ 40 millions de francs par an.

3

Plusieurs exposants de la Louisiane ont présenté de très-beaux échantillons de ramié (*Urtica nivea*). Le docteur Collier, de la Nouvelle-Orléans, avait une petite vitrine dans laquelle on a pu voir de très-beaux spécimens de filasse et de tissus de cette plante; quoique cet exposant en préconise la culture comme un moyen d'arrêter les épidémies, tout en enrichissant l'industrie d'une nouvelle matière première textile, ce végétal se développe, dit-on, très-peu. La région chaude du midi des États-Unis lui convient, mais là il se trouve en présence du roi-coton, qui avec raison reste le végétal de prédilection des agriculteurs américains.

Nous devons une mention spéciale à l'exposition de la Californie, qui, indépendamment de magnifiques céréales, de nombreux spécimens de vin, de fruits et de minerais, renfermait encore de beaux échantillons de coton et de soie. Ce pays, par sa nature, par son climat et par toutes les ressources naturelles dont il est doté, paraît être, de tous les États de l'Union, celui qui est le plus apte à imiter notre agriculture et à obtenir des produits analogues aux nôtres.

Les seules denrées animales de quelque importance que les États-Unis aient exposées étaient composées en grande partie de bandes de lard, de viande fumée, de jambons et de carcasses entières de porcs fumées. Ces produits, dont le commerce prend chaque jour un plus grand développement en Europe, étaient très-largement représentés dans les galeries du Palais de l'Exposition de Vienne.

La production de la laine semble fort peu préoccuper les États-Unis. Les toisons exposées étaient rares. L'attention des agriculteurs de cette contrée n'est évidemment pas dirigée de ce côté.

La sucrerie de betterave[1] tend à s'implanter aux États-Unis, et principalement en Californie et dans l'Ouest; mais jusqu'à présent les essais ont été infructueux.

Les machines américaines étaient remarquables pour la beauté et le fini de leur exécution; toutes étaient travaillées, ajustées et polies comme des pièces d'horlogerie.

Les outils à main en acier, tels que fourches, faux, pelles, bêches, sont bien connus; on a déjà vu, dans les précédentes expositions, combien ils sont légers, flexibles et solides tout à la fois. Sans insister sur cet article, qu'il serait désirable de voir se propager davantage en France, nous ne pouvons nous empêcher de citer l'exposition de M. Follows et

---

[1] Les États-Unis ont produit, en 1870, 100 millions de kilogrammes de sucre de canne et 13 millions de sucre d'érable. Ils ont importé pour 400 millions de francs de sucres étrangers pendant le même temps.

Bate, et celle de M. Remington, dont l'usine emploie une force vapeur de 150 chevaux, et fabrique en même temps une grande quantité de charrues et de houes pour la culture du coton. Le jury du groupe II a reconnu le mérite de la fabrication de cette maison en lui accordant une mention honorable.

La maison Furst et Bradley, à Chicago, s'est encore montrée supérieure à la fabrique précédente pour la qualité de son travail et pour la solidité de ses araires, les uns tout en fer, à age fortement recourbé en cou de cygne; les autres ayant l'age et les mancherons en bois, avec versoir en fonte ou en acier. L'araire que cette maison vend le plus communément en Amérique est la charrue américaine proprement dite, dans laquelle le coutre est remplacé par un disque tranchant.

Parmi les autres exposants de charrues, nous citerons la maison Deere et Cie. dont les vastes usines sont situées à Maline (Illinois), MM. Collins et Cie, à Hartford, dont les charrues en fonte aciérée ont déjà été récompensées à l'Exposition universelle de Paris, en 1867. Leur bisoc tout en fer et construit avec un soin tout particulier est un modèle de travail et de fini; mais son prix très-élevé, 400 francs, ne permet pas de le mettre en comparaison avec nos polysocs, qui, quoique moins bien faits, remplissent cependant le même objet.

Les scarificateurs américains ne présentaient rien de nouveau à mentionner.

La houe de MM. Marsh et Cie, à Sycamore (Illinois), n° 386, offrait une amélioration qui mérite de fixer l'attention de nos constructeurs; chaque soc est muni d'une lame en tôle, soutenue par le bâti de l'instrument. Ces lames, qui sont verticales et dont le plan est parallèle à l'axe de la houe dans le sens de la traction, pénètrent dans le sol de chaque côté de la ligne de plante, et donnent ainsi plus de fixité à l'appareil pendant sa marche. Elles servent de gouvernail à celui-ci, et l'empêchent de dévier à droite ou à gauche, en protégeant les lignes de plante.

Ce système n'est pas, au reste, tout à fait nouveau; il a été appliqué déjà depuis plusieurs années, et a donné entre autres d'excellents résultats dans la belle et grande culture du chevalier Horsky, à Kolin (Bohême). On pourrait évidemment l'adapter à nos houes pour betteraves.

Les États-Unis ont un grand intérêt à faire les semailles en lignes : l'expérience a, en effet, démontré que, dans les grandes plaines du Centre et de l'Ouest, où les céréales se font sur la plus vaste échelle, le procédé des semailles en lignes assure mieux la levée; les plantes semées en ligne tallent davantage et résistent mieux à l'action des froids, des tempêtes et surtout de ces vents violents qui, se déchaînant à travers le continent

américain, compromettent souvent les récoltes en desséchant le sol. Outre
l'économie de semence, ce procédé procure toujours un rendement plus
élevé en grain; le blé est mieux nourri et de meilleure qualité. Ces
effets sont faciles à comprendre : les graines se trouvant déposées à
une profondeur convenable et égale pour toutes, la germination est régulière; les racines se développent uniformément et pénètrent plus avant
dans le sol; elles sont, par suite, plus à l'abri du froid et des vents brû-
lants de l'été; les plantes poussent plus vigoureusement et sans arrêt. Ces
avantages, signalés dans tous les rapports agricoles des États-Unis, sont
aujourd'hui bien connus des pionniers américains; aussi la fabrication des
semoirs a-t-elle pris, pendant ces dernières années, une importance considérable dans cette contrée; les machines qui y sont construites sont,
pour la plupart, des imitations des semoirs anglais, et, comme leurs constructeurs n'ont aucune chance de pouvoir faire concurrence, sous ce rapport, aux fabricants européens, l'exposition des États-Unis n'en montrait
qu'un seul exemplaire, celui de MM. Thomas Ludlow et Rodgers, à
Springfield (Ohio).

Les râteaux à cheval américains étaient représentés par deux spécimens
qui n'offraient rien de nouveau dans leur construction. Ce sont toujours
ces machines légères, armées de longues dents, d'une grande flexibilité,
et supportées par deux roues très-minces et d'un grand diamètre, que
le public des expositions connaît depuis un certain nombre d'années déjà.
Nous nous contentons d'en rappeler le souvenir. Le râteau qui a été exposé par MM. Wheeler, Meclich et Cᵢₑ a obtenu une médaille de mérite;
son prix aux États-Unis est de 150 francs.

Le râteau de MM. West-Hampsking et Cᵢₑ offre un mode d'attache excellent; le fil d'acier formant la dent est simplement enroulé sur l'arbre en
bois lui servant de support, ce qui augmente son élasticité. Le prix de
cet appareil, qui a valu à l'exposant une médaille de mérite, est de
40 dollars (200 francs). Il est d'une très-bonne construction, mais un peu
cher.

Nous signalerons encore, parmi les machines exposées, la herse à disques
tranchants (*pulverizing harrow*) de Nishwitz, qui est très-estimée par les
cultivateurs américains quand il s'agit de diviser et de pulvériser les mottes
de terre. Au lieu d'enterrer ou de ramener à la surface, comme le font
les herses ordinaires, les mauvaises herbes ainsi que les chaumes et les
fumiers pailleux, lorsqu'ils sont longs la machine de Nishwitz divise,
coupe, hache ces substances, les incorpore au sol, et permet ainsi de mieux
assurer le nettoyage du champ par la destruction des végétaux parasites, et
l'action des engrais par leur mélange plus intime avec la terre; elle aurait

aussi l'avantage de détruire la mousse des prairies. Elle a la forme et l'aspect d'une herse triangulaire; seulement, au lieu de dents, elle a des disques tranchants en fer de 20 centimètres de rayon, qui sont mobiles autour de leur contour : un siége placé au-dessus du cadre reçoit le conducteur. Le poids de l'appareil est de 90 kilogrammes; son prix avec onze disques, un au sommet du triangle et cinq de chaque côté, et siége sur ressort, est de 150 francs. Il est manufacturé par la New-York Company à New-York.

Mentionnons aussi le gant de peau armé de pointes ou dents pour dépouiller l'épi de maïs de son enveloppe, et les tondeuses de gazon. Une compagnie importante, Hill Archimedan Lawn Mower Company, à Hartford (Connecticut), fabrique sur la plus grande échelle ces dernières machines, inventées par Hill, en 1835, sous le nom de tondeuses archimédiennes. Cette fabrique en vend pour 500,000 francs par an. Ces petites machines, qui sont si répandues aux États-Unis, sont de quatre grandeurs : la machine de 25 centimètres, bonne pour un enfant, se vend 100 francs; celle de 30 centimètres, de la force d'une femme, 110 francs; celle de 35 centimètres, de la force d'un homme, 125 francs; et celle de 70 centimètres, de la force d'un poney, 500 francs.

Les améliorations effectuées pour lui donner plus de solidité, plus d'action, avec une moindre fatigue pour ceux qui la manœuvrent, ont valu aux exposants une médaille de progrès. Notons toutefois, dès maintenant, que la maison Follows et Bates, de Manchester (Angleterre), produit des tondeuses à un peu meilleur marché et d'une qualité à peu près égale.

Le trait principal de l'exposition agricole des États-Unis, ce qui a le plus attiré l'attention, on peut dire l'admiration des visiteurs, ce sont les machines à faucher et à moissonner.

Nous ne ferons pas ici l'historique, souvent répété, de cette magnifique invention; qu'il nous suffise de dire qu'on peut estimer à 1,500,000 le nombre des moissonneuses et faucheuses fabriquées par l'industrie américaine, que ces machines représentent une valeur manufacturée de près d'un milliard de francs. Quant au nombre de ces machines qui travaillent actuellement aux États-Unis, il ne doit pas s'éloigner beaucoup de 1 million.

On admet en Amérique que chaque machine fait couramment le travail de 7 hommes, et que les attelages, le conducteur, l'intérêt du capital engagé dans le prix d'achat et les frais de réparations absorbent à peu près la valeur du salaire de 4 hommes : il suit de là que l'économie par machine est de 3 ouvriers. D'après cette donnée, et en évaluant à 8 francs seulement, ce qui est plutôt au-dessous qu'au-dessus de la vérité, le prix de la journée d'homme, les États-Unis feraient, par l'emploi des moissonneuses et des faucheuses, une épargne de 24 millions par jour. La fauchaison des prairies, la moisson des céréales, durant en Amérique soixante jours en moyenne, l'économie annuelle serait de 1 milliard 440 millions de francs, ou de 14 milliards et demi en dix ans! A cette énorme somme il convient d'ajouter les avantages qui résultent de la coupe rapide des céréales en temps opportun, le grain sauvé et le profit du travail de 3 millions d'hommes, devenus disponibles pour d'autres branches de la production.

Ces avantages n'existeraient-ils pas, que les moissonneuses et les faucheuses rendraient, même si leur travail coûtait plus cher, un service inappréciable aux États-Unis, puisque, sans elles, les cultivateurs seraient dans l'impossibilité absolue, faute de bras, de développer leur culture et de produire les 100 millions d'hectolitres de froment qu'ils récoltent et qui, en partie, viennent à notre aide dans les mauvaises années. On doit comprendre par là toute l'importance qu'attachent les États-Unis à ces appareils. Les inventeurs en ont fait leur machine de prédilection, et leur esprit est continuellement exercé à trouver les moyens propres à les améliorer : aussi rien n'égale le fini, l'élégance, le luxe déployés dans leur construction.

Les machines qu'ils ont exposées dans leur Hall, leurs modèles surtout, étaient de véritables bijoux façonnés et polis avec un goût véritablement artistique.

Il y a un fait qui domine tout l'ensemble de cette exposition, c'est la tendance, dans les États-Unis, à faire des *machines combinées*, c'est-à-dire des machines à deux fins, pouvant faire la fauchaison des prairies naturelles et artificielles, et servir ensuite à la moisson des céréales moyennant certaines dispositions faciles à exécuter; c'est le contraire de ce que les inventeurs recherchent en Europe. Les cultivateurs américains préfèrent un seul et même appareil pour faucher leurs prairies et couper leurs céréales, sauf à l'user plus vite et à le renouveler plus fréquemment. Ils ont évidemment pour cela des convenances qui n'existent pas chez nous; la perfection du travail leur importe moins; ce qu'ils veulent avant tout c'est sauver leur grain, ils n'ont aucun souci de la paille. D'un autre côté, en n'achetant qu'une seule machine, les cultivateurs américains engagent moins d'argent; or le capital joue un grand rôle chez les colons; il faut noter, en outre, qu'il y a aux États-Unis prédominance de petites exploitations, et que les fermes ne peuvent guère s'associer entre elles pour leur outillage, par la raison qu'elles sont presque toujours, dans la région des céréales, très-distantes les unes des autres.

Il existe, en effet, d'après la statistique officielle publiée en 1871 :

Plus de 2 millions de fermes qui ont moins de 40 hectares, savoir :

De 3 à 10 acres (de 1ʰ 21ᵃ à 4ʰ 04ᵃ)............... 172,000 fermes.
De 10 à 20 acres (de 4ʰ 04ᵃ à 4ʰ 04ᵃ)............... 294,600
De 20 à 50 acres (de 8ʰ 09ᵃ à 20ʰ 23ᵃ)............ 847,600
De 50 à 100 acres (de 20ʰ 23ᵃ à 40ʰ 46ᵃ)........... 754,200
De 100 à 500 acres (de 40ʰ 46ᵃ à 202ʰ 30ᵃ).......... 565,000

Moins de 20,000 fermes ont plus de 200 hectares :

De 500 à 1,000 acres (de 202ʰ 30 à 404ʰ 60).... 15,873
Au-dessus de 1,000 acres (de 404ʰ et au-dessus)...... 3,720

TOTAL.... 2,659,985

Dans ces conditions[1], et avec la rareté du capital, la culture est évidemment conduite à rechercher les machines à deux fins.

La difficulté à vaincre pour réaliser de bonnes machines combinées est d'agencer les organes de façon que la lame des scies ait, dans les deux cas, une vitesse suffisante pour couper l'herbe et les céréales ; or chacune de ces opérations demande une vitesse différente. Les fourrages verts, à cause de la séve qui remplit leurs tissus, exigent plus de vitesse dans le mouvement de la lame que les tiges sèches du blé ou de l'avoine. Avec la vitesse suffisante pour la moisson des céréales, les lames ne coupent pas bien les fourrages ; les scies s'engorgent, se graissent de séve et obligent à des arrêts fréquents. Avec la vitesse convenable à la coupe des prairies, il y a, pour la moisson des céréales, hachage de la paille et un travail plus pénible. La sagacité des inventeurs américains s'est mise à la recherche de la solution de ce difficile problème, et on peut dire que, sans parvenir à la perfection de la moissonneuse simple ou de la faucheuse simple, ils ont produit des machines à double fin qui, pour l'exécution du travail, approchent des bonnes moissonneuses et des meilleures faucheuses à simple effet.

[1] Il est à remarquer que ce sont les petites exploitations qui tendent de plus en plus à avoir la prédominance : ainsi, la grandeur moyenne des exploitations est de 153 acres (61ʰ 90ᵃ), en 1870, d'après les chiffres donnés ci-dessus. En 1860, le nombre des exploitations était de 2,044,000, avec une étendue moyenne de 80 hectares 52 ares 46 centiares par ferme. En 1850, il était de 1,449,000, avec une étendue moyenne de 82 hectares 13 ares 88 centiares par ferme.

Les machines à moissonner et à faucher se divisent, par suite, en trois catégories distinctes, savoir :

1° Les faucheuses ;

2° Les moissonneuses ;

3° Les machines pouvant servir au fauchage des prairies et à la coupe des céréales.

Ces deux dernières catégories forment elles-mêmes chacune deux classes : 1° les moissonneuses faisant mécaniquement la javelle, et 2° celles qui, ne la faisant pas, déposent la récolte en endains derrière la scie. Cette dernière division tend de plus en plus à disparaître ; elle n'était représentée que par un seul spécimen : la machine combinée de Sieberling, à Akron (Ohio), connue sous le nom d'*excelsior*. Elle ne fait, en effet, qu'une partie de la besogne, et oblige à la faire suivre par des hommes pour ramasser, faire la gerbe et la lier, ce qui ajoute aux difficultés de la moisson. Cette classe de machines était la plus nombreuse au début de l'invention (type Hussey) ; mais le problème n'était pas suffisamment résolu : on a d'abord demandé à la machine de déposer l'endain sur le côté, puis on a voulu d'elle le dépôt de la récolte en tas réguliers et prêts à être liés.

L'esprit inventif des Américains ne s'en tient pas là ; nous le trouvons à la poursuite d'une autre idée, celle d'obtenir de la machine la gerbe toute liée, de façon à dispenser de la main-d'œuvre du ramassage de la javelle et de son liage. M. Walter A. Wood, dont le nom est attaché à la découverte de l'une des faucheuses les plus perfectionnées, a présenté une machine à l'aide de laquelle, avec la collaboration de son associé, M. J. D. Locke, il a essayé de résoudre ce problème. Dans l'appareil de M. Wood, les céréales sont toujours coupées comme avec les machines ordinaires, à l'aide d'une lame armée de dents de scie et animée de la vitesse voulue ; seulement le tablier fixe, qui reçoit les tiges coupées, est remplacé ici par une toile sans fin, maintenue à ses deux extrémités par des rouleaux. Les tiges coupées sont entraînées par la toile sans fin au bord d'un plan incliné, sur lequel se meut un lattis sans fin, armé de pointes. Ce lattis est composé de lattes espacées les unes des autres de quelques centimètres, et fixées sur des courroies qui s'enroulent aux deux extrémités du plan incliné. Il reçoit un mouvement de bas en haut comme une toile sans fin ; les céréales sont enlevées par les pointes saillantes du lattis, amenées à la partie supérieure du plan incliné, d'où elles retombent sur une surface concave qui constitue le tablier de l'appareil lieur ; un fil de fer enroulé sur une bobine placée derrière ce tablier est déroulé par le bec de l'appareil. Les deux bras de l'appareil ligateur se rapprochent en

serrant l'amas de céréales comme le ferait un botteleur ; un petit mouvement d'horlogerie tord et coupe le fil de fer. La gerbe est faite et liée ; la
gerbe qui s'en détache par son propre poids est repoussée sur le sol ; le fil
de fer est de nouveau déroulé, un nouvel amas de céréales lié et rejeté
à l'état de gerbe derrière la machine, et ainsi de suite.

La machine lieuse de Wood est encore à l'état d'enfance ; l'inventeur
n'a pas voulu la faire expérimenter dans les champs ; il s'est contenté d'en
montrer le jeu en lui faisant lier un paquet de journaux. Il reconnaît
qu'elle n'est pas en état de fonctionner telle qu'elle est actuellement ; il a
voulu faire voir le principe d'une découverte dont il se propose de pour-
suivre le perfectionnement, afin d'arriver à son application pratique.

Il y a là évidemment une idée, et certainement le peuple qui a inventé
la machine à coudre n'aura pas besoin d'être longtemps à l'œuvre pour
résoudre pratiquement les difficultés du liage mécanique de la gerbe.
Cette découverte aurait assurément une grande importance au moment où
l'absence de main-d'œuvre se fait de plus en plus impérieusement sentir ;
mais il ne faut pas se dissimuler qu'elle aura pour résultat de compliquer
beaucoup le mécanisme de la moissonneuse, et d'exiger une dépense de
force peut-être, pour nos contrées, hors de proportion avec la valeur du
liage par la main de l'homme.

Les machines américaines ont été l'objet d'un concours pratique qui a
eu lieu le 9 juillet dans la ferme de M. Schwartz à Léopoldsdorf. Les
moissonneuses ont eu chacune un lot de 61 ares de seigle. Les faucheuses
n'ont pu fonctionner dans des conditions normales, faute de prairies naturelles et artificielles ; on les a fait travailler dans un champ de vesces
dont la récolte n'offrait aucune difficulté. La pièce de seigle à moissonner
était elle-même très-régulière ; la récolte était moyenne, il n'existait de
verse dans aucune de ses parties.

Dix-neuf moissonneuses et seize faucheuses, toutes américaines, les exposants anglais, allemands et français n'ayant pas jugé à propos d'y
prendre part, ont été admises à ces épreuves par une journée des plus
chaudes et des plus fatigantes qu'il y ait eu à Vienne dans la saison. On
peut dire que toutes les machines ont bien travaillé ; les lots ont été cou-
pés d'une façon satisfaisante en moins d'une heure vingt minutes de travail réel. Les machines étaient conduites par des Américains, avec leur
sang-froid et leur entrain ordinaires.

Le problème de la coupe de l'herbe et des céréales se trouve évidemment résolu : le plus ou moins de perfection du travail dépend de l'habileté du conducteur, de la docilité, de la force et de la régularité d'allure
des attelages. Aussi le moment est-il venu pour les associations agricoles

et les comices, de joindre à leurs concours habituels de labourage des épreuves pratiques de machines à faucher et à moissonner, dont la conduite exige, de la part de l'ouvrier, plus d'attention, plus de coup d'œil et plus de vivacité dans les mouvements.

Dans les expériences de Léopoldsdorf, la faucheuse de M. Wood a présenté, sur toutes ses rivales, une supériorité marquée. Il n'est pas possible de marcher avec plus de régularité, plus d'aisance; de couper le fourrage plus ras, de mieux nettoyer le terrain. Le travail, de l'aveu unanime du jury et du nombreux public qui assistait aux expériences, a été jugé parfait et ne laissant rien à désirer.

La faucheuse de M. Walter Wood est trop connue en France pour que nous ayons à la décrire. Elle a déjà paru avec le même succès à l'Exposition universelle de 1867, où elle a valu à son inventeur un grand prix et la décoration de la Légion d'honneur. M. W. Wood est un chercheur ardent, il ne veut pas s'endormir sur ses lauriers. On a vu plus haut ses efforts pour réaliser la moissonneuse lieuse.

Sa moissonneuse combinée a aussi fonctionné dans les champs de Léopoldsdorf; sans atteindre la perfection du travail de la faucheuse, elle n'a pas laissé de faire d'une façon très-convenable la tâche qui lui était assignée. Sa moissonneuse, dite *Champion*, a bien coupé le seigle de son lot: son travail a été très-régulier. Sur une heure quinze minutes qu'elle a employées pour finir sa tâche, elle n'a eu que douze minutes d'arrêt pour graissage. Le dépôt de la javelle seul laissait un peu à désirer. Son prix est de 130 dollars (650 francs), à New-York. Elle réunit une grande simplicité de construction et de la solidité à un poids relativement faible.

La maison de M. Walter A. Wood, située à Hoosikfall (État de New-York), a débuté en 1853 dans la construction des machines à faucher; modeste à ses débuts, sa fabrication prit bientôt un grand développement; en 1862, elle avait atteint le chiffre de 6,425 faucheuses par an. La guerre de sécession vint ralentir ses progrès; mais la marche de l'usine ne tarda pas à reprendre son activité, et chaque année, à partir de 1864, a vu croître l'importance de ses ventes. En 1869, elle eut à livrer 23,000 machines; aujourd'hui, il en sort 6 par heure de ses ateliers ou 57 par jour. Le nombre total des faucheuses manufacturées par les usines de Hoosikfall (de 1855 au 1er janvier 1873) a été de 160.648. Les machines du même système fabriquées par d'autres maisons concessionnaires du brevet de M. Wood ont été de 20,000 environ: ce qui fait que 180,648 faucheuses de ce système ont été vendues en moins de vingt ans. De ce nombre, 30,000 environ ont passé l'Atlantique et ont été livrées à l'Europe : c'est 25 p. o/o du nombre total des faucheuses américaines fabriquées qui ont été expédiées au vieux continent. La fabrication totale des faucheuses W. Wood représente une valeur de 100 millions de francs au moins, et l'emploi de ces machines a économisé à l'agriculture une dépense de 1 milliard de francs en main-d'œuvre; M. Wood a été, à ce point de vue, un véritable bienfaiteur de l'humanité, et jugé digne du diplôme d'honneur.

La machine combinée dite *Champion*, exposée par MM. Warder, Mitchell et Cie, à Springfield (Ohio), a résolu, autant qu'on peut le désirer, le problème d'une machine pouvant servir au fauchage des prairies et à la moisson des céréales. Elle a parfaitement fonctionné comme faucheuse. Transformée en quelques minutes en moissonneuse, elle a fait un travail très-satisfaisant. Cette machine est bien construite; sa carcasse en fer forgé lui assure une grande solidité et de la stabilité; les axes et les engrenages sont fixés avec soin.

Réduite à ses éléments simples, elle se compose d'un petit nombre d'engrenages. Elle repose sur deux roues en fonte de $0^m,77$ de diamètre: chacune de ces deux roues porte à son intérieur, et à $0^m,20$ au-dessous de la face extérieure de sa jante, une roue dentée dont le rayon à l'intérieur est de $0^m,20$; le nombre de ses dents est de quatre-vingt-deux; celles-ci donnent le mouvement à un pignon de $0^m,11$ de diamètre, armé de onze dents. L'axe de ce pignon porte à son extrémité, à gauche, une roue d'angle de $0^m,20$ de rayon et munie de trente-cinq dents. Cet axe porte le manchon servant à l'embrayage et au débrayage de la machine. La roue d'angle communique son mouvement, quand l'appareil est embrayé, à un pignon de douze dents et de $0^m,07$ de diamètre intérieur. Ce dernier pignon fait tourner une tige qui transmet le mouvement circulaire, en le transformant en un mouvement de va-et-vient à l'aide d'une manivelle de $0^m,06$ de rayon, à la lame coupante.

La lame tranchante et les doigts qui lui servent de guide sont parfaitement exécutés et en excellent acier.

Un tablier ou plancher en bois protége le mécanisme: l'embrayage et le débrayage sont faciles : le conducteur, placé sur le côté au-dessus de la roue de la machine, a sous la main le levier à l'aide duquel il fait mouvoir le manchon embrayeur. Il peut relever la scie jusque dans sa verticale pour rentrer à la ferme, et, à l'aide d'un levier à ressort dont la manœuvre est commode, hausser ou baisser le bec des dents pour couper plus ou moins ras. Le mouvement des râteaux javeleurs se fait régulièrement et sans secousse; le siége du conducteur est peut-être un peu trop en avant, ce qui oblige l'ouvrier à retourner la tête pour voir les embarras quand ceux-ci se produisent dans les lames. La transformation de cette machine

en faucheuse se fait très-aisément; il suffit d'enlever l'appareil javeleur et
le tablier, manœuvre qui ne demande que quelques instants. Cette machine est à la fois légère, très-stable et parfaitement établie; la scie a
1^m,3o de longueur; elle a parfaitement coupé le lot qui lui était assigné,
en une heure dix minutes; la javelle a été bien faite. Malheureusement,
des essais dynamométriques n'ont pas permis de faire de cette machine
une étude plus complète et d'apprécier la dépense de force qu'elle exige;
mais, d'après les données qui précèdent, on peut constater :

1° Que la vitesse de la scie (2^m,o8) est plus grande dans la Champion
de Warder que dans les moissonneuses ordinaires, puisque la vitesse de
la lame coupante, dans celle-ci, est en moyenne de 1^m,75 par seconde :
elle est de très-peu de chose plus élevée que celle des faucheuses proprc-
ment dites, dont la vitesse moyenne des scies est de 2 mètres;

2° Que le nombre des tours de la manivelle par seconde (8,69) est
notablement inférieur à celui que les expériences de Langres ont fourni
pour les faucheuses : dans celles-ci, les nombres ont oscillé entre 11,18
et 15,44; mais il est plus grand que dans les moissonneuses, qui ont
donné à Grignon 5,87 comme moyenne;

3° Que le nombre des tours de la manivelle pour un tour de la roue
motrice est encore un chiffre intermédiaire (21,73) entre le nombre de
tours des faucheuses (24,52) et celui qu'ont fourni les moissonneuses
(16,32 en moyenne).

On voit par là qu'elle réunit dans un excellent rapport les conditions
d'une faucheuse et d'une moissonneuse.

Sa supériorité, à ce point de vue, n'a pas été constatée seulement dans
les épreuves toutes pratiques de Léopoldsdorf, elle a été reconnue encore
dans un grand concours tenu peu de jours auparavant en Hongrie; elle
l'avait été en 1871 aux États-Unis, à Findley (Ohio) et à Columbia (dans
le Tennessee), où cette machine, à une excellente exécution de travail,
aurait ajouté l'avantage d'exiger le minimum de tirage de toutes les machines à deux fins soumises à des essais dynamométriques. Mais on constate, d'autre part, que la machine combinée exige, ce qu'il est facile de
déduire des considérations qui précèdent, un effort toujours un peu plus
grand que les machines simples pour chaque nature d'opérations.

La moissonneuse combinée de MM. Warder, Mitchell et Ce a été inventée en 1856, et a reçu, depuis lors, des perfectionnements qui en
ont fait la meilleure machine de ce genre. Elle a une grande réputation
aux États-Unis, et gagne beaucoup de terrain en Allemagne, en Russie
et en Autriche-Hongrie. Son prix est de 225 dollars en Amérique
(1,125 francs). La vente aurait été, l'an dernier, d'après la déclaration de

l'exposant, de 12,000 machines, et aurait atteint, en 1873, le chiffre de 15,000 : il n'y aurait pas moins de 150,000 moissonneuses-faucheuses *Champion* sorties des trois grandes usines fondées à Springfield pour l'exploitation du brevet de cette machine. On jugera de l'importance de ces fabriques, quand on saura que celle de MM. Warder, Mitchell et Cie, à elle seule, occupe 300 ouvriers et une force de 100 chevaux-vapeur. Il serait certainement intéressant de voir introduire cet excellent instrument en France, où nous avons tant de moyens et petits propriétaires dans la condition des exploitants du Nouveau Monde.

Le Jury lui a accordé une médaille de progrès.

La moissonneuse combinée de Johnston, à Brockport (État de New-Yorck), peut rivaliser pour l'exécution du travail avec la machine précédente. Comme cette dernière, elle a coupé son lot avec une grande facilité et avec rapidité; on pouvait reprocher à sa javelle d'être moins bien faite.

Cette machine se distingue tout d'abord des autres moissonneuses combinées par la grandeur des deux roues qui supportent tout le système et communiquent le mouvement à la scie : ces roues sont en fer forgé et ont 0^m,90 de diamètre. Leur axe porte un plateau de 0^m,20 de diamètre intérieur avec cinquante-deux dents qui s'engrènent sur un pignon de seize dents. A l'extrémité de l'axe de ce pignon se trouve une roue d'angle de trente-deux dents; l'arbre de ce pignon communique le mouvement à un deuxième plateau denté, engrenant avec un troisième pignon, dont l'axe donne le mouvement au plateau de la manivelle. Le même axe, par une roue horizontale, fait fonctionner les râteaux javeleurs. Toutes ces pièces sont bien ajustées; elle sont solidement maintenues en place par une carcasse en fer. La vitesse des scies est régulière et suffisante pour la coupe de l'herbe et des céréales. Aussi le travail est-il facile; il paraît exiger cependant un peu plus de tirage que la machine Warder; le débrayage et l'embrayage se font aisément à l'aide d'un levier qui dégage ou engage le premier pignon avec la roue motrice. Le siége du conducteur est placé sur le côté gauche et un peu en avant de la machine; il fait contre-poids aux râteaux et à la scie, de façon à répartir à peu près également sur les deux roues tout le poids du système. De cette sorte, quand on fonctionne dans une pièce de terre humide, les roues ne s'enfoncent pas plus d'un côté que de l'autre; de plus, en raison du diamètre de ces roues, les roues d'angle ne peuvent pas toucher le sol et s'engorger de terre ou de boue.

L'appareil javeleur se compose de cinq bras, un de plus que dans les autres machines. Cette addition d'un cinquième bras rend le rabattement des tiges plus facile, et est surtout avantageuse quand il fait de grands vents pendant la moisson. En Europe, toutefois, quatre bras semblent suffisants.

Le mouvement des râteaux se fait au moyen d'une chaîne sans fin qui s'enroule sur une roue à dents saillantes, à peu près comme dans la machine précédente. L'appareil javeleur, par un simple changement de pignon, permet d'augmenter ou de diminuer les gerbes, d'en faire qui soient toujours de même volume, quel que soit l'état de la moisson; on opère comme on le fait dans les semoirs quand on veut faire varier les quantités de semence à répandre dans le sol.

La manœuvre des leviers pour abaisser la lame ou la relever suivant les difficultés du terrain est facile. La longueur de la scie de la moissonneuse est de 1^m,57, et le poids total de la machine montée en moissonneuse de 500 kilogrammes; quand elle est montée en faucheuse, on emploie une scie de 1^m,27 de longueur qui peut se rabattre, pour le transport, en travers du timon, de façon à ne pas déborder sensiblement sur les roues.

Indépendamment de la machine combinée, la maison Johnston a encore exposé une faucheuse simple, d'après le système de la moissonneuse combinée, et une moissonneuse simple : celle-ci a paru au dernier concours de Grignon; nous n'avons donc pas à la faire connaître.

La moissonneuse a remarquablement fonctionné à Léopoldsdorf: son mouvement est facile, sans choc et presque sans bruit. Elle a été classée n° 1 pour le coupage du seigle.

La moissonneuse combinée, quoique ayant opéré moins bien, n'a pas moins donné un travail satisfaisant. Elle n'a mis que six minutes de plus que la moissonneuse simple pour accomplir sa tâche. On peut lui reprocher d'avoir un mouvement moins doux. Montée en faucheuse, elle a été classée après la machine de Wood.

Quant à la construction de ces machines, elle ne laisse rien à désirer : les pièces sont soignées; les coussinets sont en bronze; les matériaux employés sont de premier choix. De plus, cette maison a introduit dans sa fabrication une innovation que les autres fabricants devraient imiter : toutes les pièces sont numérotées. Cette mesure simplifie le travail du montage et facilite le remplacement, sur commande, des pièces brisées.

La maison Johnston n'est pas très-ancienne. Elle date de trois ans seulement, et produit ses machines à un prix relativement peu élevé : la faucheuse est cotée 375 francs, prise en Amérique; la moissonneuse coûte 625 francs, et la machine combinée 775 francs. Ces diverses machines ont valu à leur exposant la médaille de progrès. Elles gagnent du terrain en Amérique. Il serait désirable qu'elles fussent introduites en France, afin de créer de la concurrence aux machines connues et d'amener la baisse des prix.

La maison D. M. Osborne et Cie, à Auburn (État de New-York), a présenté une excellente moissonneuse et une bonne faucheuse pouvant aisément se transformer en moissonneuse.

La machine à moissonner inventée par Burdick en 1867, et connue sous le nom de *Burdick-Cérès*, a été récemment introduite en France; elle s'y est fait connaître pendant la dernière campagne.

A Vienne, elle a soutenu la réputation qu'elle s'est acquise aux États-Unis, et a mérité le numéro 4 dans le classement des machines, à la suite des épreuves de Léopoldsdorf. Quoique coupant moins ras et ne faisant pas aussi bien la javelle que la Johnston, la Warder et la Mac Cormick, elle n'en a pas moins fourni un excellent travail. Sa marche a été très-régulière; elle a mis une heure quinze minutes à exécuter sa tâche, avec sept minutes d'arrêt. Son prix est, en Autriche, de 1,017 francs. D'après la déclaration de l'exposant, il s'en serait vendu déjà 65,000 en six ans.

La faucheuse fabriquée par Osborne et Cie porte le nom de machine Kirby. Elle est montée sur deux roues et a une carcasse de bonne fonte; elle a une certaine analogie avec la Champion : le système est à peu près le même, seulement la transmission est plus directe; il y a un engrenage en moins.

Cette faucheuse est très-compacte, bien conçue; elle se manœuvre facilement; le conducteur, étant placé en arrière de la lame de scie, surveille sans peine le fonctionnement des lames, et, à l'aide d'un grand levier placé à portée de sa main droite, peut lever la scie à toutes les inclinaisons jusqu'à la verticale, franchir les obstacles, faucher des talus et tailler des haies vives. Cette machine a très-bien fonctionné à Léopoldsdorf; elle peut aisément faire 50 à 60 ares par heure : son prix est de 641 francs à Vienne.

La machine combinée ou à deux fins (*Kirby combined*) est aussi d'une grande simplicité de construction. Elle repose sur une seule roue de support dont le diamètre est de $0^m,76$ et la largeur de jante de $0^m,15$. Cette roue porte dans son plan une roue motrice armée de soixante-quinze dents, laquelle met en mouvement un pignon de douze dents. L'arbre de ce pignon porte à son extrémité une roue d'angle munie de trente-quatre dents qui fait tourner un pignon de onze dents. Le pignon donne le mouvement au plateau de la manivelle et imprime à la scie le mouvement de va-et-vient. L'espace parcouru par la scie est de $0^m,088$ pour chaque tour de la manivelle. A l'aide de ces éléments, on trouve que :

1° Le nombre de tours de la manivelle pour un tour de la roue motrice est de 19,31;

2° La vitesse de la scie est de $1^m,36$ par seconde;

3° Le nombre de tours de la manivelle par seconde est de 7,72.

On voit par là que la Kirby combinée se rapproche plus des conditions mécaniques que doit remplir la moissonneuse, que de celles de la faucheuse. Mécaniquement, elle réalise moins les conditions de la machine combinée que la Champion de Warder. Elle fauche moins bien, mais aussi elle doit exiger moins d'effort. C'est ce qui est ressorti, autant qu'on a pu en juger, des épreuves de Léopoldsdorf. La lame de la scie fauche une bande de 1^m,40 de largeur.

Pour monter cette machine en moissonneuse, il suffit d'ajouter au pignon que porte l'axe de la roue d'angle un pignon avec l'appareil javeleur de la Burdick-Cérès et un tablier. La transformation peut se faire en vingt minutes. Le poids de la machine montée en faucheuse est de 304 kilogrammes ; avec l'appareil javeleur, elle pèse 371 kilogrammes, et son prix est de 175 dollars prise à l'atelier, soit environ 920 francs. La Kirby combinée a moins bien travaillé que la moissonneuse Burdick ; la coupe a été moins régulière ; elle a mis dix-sept minutes de plus pour faire son lot. Néanmoins c'est encore une excellente machine, bonne à propager et facile à conduire.

Depuis longtemps elle jouit d'une grande renommée aux États-Unis. Elle est construite avec beaucoup de soin et avec les meilleurs matériaux. La perfection du travail est toujours, au reste, facile à obtenir, quand une usine se spécialise pour un instrument et possède l'outillage qu'exige une fabrication importante. La maison Osborne réalise ces conditions, puisque, dans son immense établissement à Auburn, l'activité de la fabrication est telle, qu'elle arrive à faire une machine par quart d'heure. Elle consomme 200,000 kilogrammes de fer et de fonte par jour, et emploie 475 ouvriers. On peut juger par là de la puissance des moyens d'action et de la perfection de travail qu'on peut atteindre.

MM. Osborne et Cie ont été jugés dignes d'une médaille de progrès.

MM. Adriance, Platt et Cie, à New-York ; Aultmann, Miller et Cie, à Akron (Ohio), et les successeurs du célèbre Mac Cormick, à Chicago (Illinois), ont obtenu des médailles de mérite pour la même catégorie de machines.

MM. Adriance, Platt et Cie ont exposé une très-belle faucheuse et une faucheuse-moissonneuse appartenant au système connu sous le nom de Buckey.

La faucheuse Buckey est remarquable par la solidité et la simplicité de sa construction. Sa légèreté et l'extrême facilité de son mouvement l'ont fait rechercher dès son apparition, qui remonte à 1857. Elle est formée d'un cadre de bois de frêne, renforcé en son milieu par une traverse de même essence. Ces pièces de bois sont très-solidement maintenues par douze boulons. Les risques de rupture de cette charpente sont beaucoup moins grands que lorsque celle-ci est de fonte, et, quand un accident arrive, rien n'est plus facile que de faire les réparations et les remplacements nécessaires. Le cadre est monté sur un axe en fer rodé, de $0^m,03$, posé à chacune de ses extrémités sur une roue en fonte de $0^m,75$ de diamètre; au côté intérieur de chaque roue motrice, près du moyeu, se trouvent fixés deux cliquets qui, à l'aide d'un ressort en acier, sont tenus embrayés ou débrayés. Ces cliquets fonctionnent sur des roues à rochet, fixées sur l'axe des roues motrices.

A l'aide de l'un des cliquets placés sur chaque roue, le système est mis en mouvement dès que l'appareil se met en marche, les cliquets étant ajustés de façon que l'un soit toujours en position de tomber sur une des dents de la roue à rochet. Sur l'axe et un peu sur la gauche se trouve la roue principale du système. Cette roue d'angle est placée dans une boîte qui la met à l'abri de la boue et des engorgements auxquels sont exposées les machines dont la roue motrice est à découvert et rapprochée du sol. L'embrayage et le débrayage sont très-faciles; le conducteur, avec un grand levier en bois agissant sur un ressort à boudin, engage ou dégage le pignon qui fait tourner la manivelle.

Au point de vue de la construction, ces machines ne laissent rien à désirer : on y trouve tout le fini et l'ajustement désirable. La bielle de la manivelle tourne sur des coussinets de bronze; les engrenages sont nets; la lame peut, après le travail, être rabattue sur le timon, de façon à occuper une position horizontale sans dépasser de chaque côté des roues, ce qui rend son transport facile sur les routes étroites et permet son passage par toutes les barrières de clôture.

La machine à deux fins dite *Buckey combined* n'est pas autre chose que la faucheuse de Buckey. Le mécanisme est le même. Montée en faucheuse, elle ne diffère de la précédente que par la longueur de la lame des scies. La scie de la machine à faucher a $1^m,225$ de long, celle de la faucheuse combinée a $1^m,36$. La forme des dents est toujours la même.

Pour faire de celle-ci une moissonneuse, on remplace la scie et on adapte sur le côté droit de la machine un appareil javeleur qui a de l'analogie avec celui de la Johnston. La lame de la moissonneuse est armée d'un plus grand nombre de dents et mesure $1^m,51$ de longueur. La transformation de la faucheuse en moissonneuse ne demande pas beaucoup de temps : elle peut s'opérer en quinze minutes, et la manœuvre de la machine est toujours facile.

Au point de vue mécanique, la moissonneuse-faucheuse de Buckey se rapproche beaucoup de la machine combinée inventée par Warder, et de

4

la Kirby combinée. Comme pour celle-ci, les lames de scie sont plus longues que ne le sont celles des faucheuses simples, et plus courtes que celles des machines ordinaires à moissonner. La vitesse du mouvement est intermédiaire entre celle des faucheuses et celle des moissonneuses.

Nous avons trouvé en effet, la course de la scie étant de $0^m,08$ et le diamètre des roues motrices de $0^m,76$:

1° Que le nombre de tours de la manivelle pour chaque révolution de la roue motrice est, dans la machine combinée de Buckey, de 22 ;

2° Que le nombre de tours de la manivelle est de 88 par seconde ;

3° Que la vitesse de la scie est de $1^m,41$ par seconde.

Ces conditions mécaniques assurent à cette machine un fonctionnement, comme faucheuse et comme moissonneuse, aussi sensiblement satisfaisant que l'est celui de la Warder et de la Kirby.

Les machines Buckey jouissent d'une excellente réputation aux États-Unis. Elles y sont très-estimées ; elles ont toujours obtenu des succès sérieux dans les grands concours américains. Lors des épreuves très-importantes qui eurent lieu à Syracuse en 1857, et plus tard à Auburn en 1866, sous les auspices de la Société d'agriculture de l'État de New-York, le Jury a constaté, à l'aide du dynamomètre, que la faucheuse-moissonneuse de Buckey était, des machines de ce genre, celle qui exigeait le moins de force. Pour la qualité de son travail, elle fut classée immédiatement après la faucheuse simple de Walter A. Wood.

Dans les champs de la ferme de Léopoldsdorf, la faucheuse Buckey a bien soutenu sa réputation ; elle a fourni un travail excellent. La machine combinée, montée en moissonneuse, n'a pas eu un égal succès ; elle était conduite par un attelage médiocre comme force et mal dressé : l'ouvrage s'en est ressenti forcément : la coupe a été passable, et le javelage laissait à désirer ; mais il était facile de reconnaître que ces imperfections tenaient à l'insuffisance des chevaux.

Les machines Buckey sont donc à encourager et méritent d'être connues en France, d'autant plus que leur prix n'est pas élevé, si l'on tient compte de leur grande solidité.

La faucheuse Buckey, du poids de 267 kilogrammes, coûte 125 dollars (625 francs). La Buckey combinée, montée en faucheuse, pèse 272 kilogrammes, et en moissonneuse, 378 kilogrammes ; son prix, lames de scie et appareil javeleur compris, est de 850 francs aux États-Unis.

Ces machines sont très-répandues en Amérique. La fabrication qui s'en fait serait très-active, puisque, d'après les déclarations de l'agent de

MM. Adriance, Platt et Cie, il ne s'en manufacturerait pas moins de
20,000 par an, en ce moment. Les usines américaines en auraient livré
à l'agriculture, depuis 1858, environ 150,000.

MM. Aultmann, Miller et Cie, à Akron, construisent à peu près la
même machine et ont une fabrication aussi importante que MM. Adriance,
Platt et Cie. Les faucheuses et les moissonneuses-faucheuses de Buckey,
qui sortent de leurs ateliers, diffèrent par quelques détails seulement de
celles de ces derniers exposants. Le bâti de la machine est en fonte, les
dents de la scie sont un peu plus longues. Quant au mécanisme et au
travail, ils sont les mêmes, et la récompense a été par conséquent égale.

Si la machine combinée de MM. Aultmann, Miller et Cie a fait,
comme moissonneuse, un meilleur travail à Léopoldsdorf que celle de
MM. Adriance, Platt et Cie, et a terminé sa tâche plus rapidement, la cause
en est due uniquement, nous le répétons, à la qualité des attelages employés
dans les deux cas.

La machine Mac Cormick a fait aussi, à Léopoldsdorf, un excellent travail. Cette moissonneuse toutefois n'a pas présenté de perfectionnements
importants depuis 1867. Son appareil javeleur est resté un peu lourd.
Le Jury du deuxième groupe de l'Exposition universelle de Vienne a rendu
à la mémoire de Mac Cormick l'hommage qui est dû à cet inventeur et à
ses services à la cause de l'agriculture et de l'humanité, en accordant à
ses successeurs une médaille de mérite pour les moissonneuses de son
système qu'ils ont exposées.

En dehors des machines qui précèdent, il nous reste peu de chose à
dire. La machine Sprague est bien connue en France; faute de représentant à Vienne, elle n'a pas été amenée dans les champs de Léopoldsdorf
pour y être comparée à ses rivales, et est restée reléguée dans un coin
du hangar des machines américaines. La faucheuse à deux fins Excelsior
de M. Sieberling, à Akron (Ohio), coupe bien; elle est convenablement construite, bien établie. Les conditions de vitesse des divers organes sont réalisées
suffisamment pour un bon travail; mais on peut lui reprocher, comme
moissonneuse, de ne pas répondre aux besoins de l'agriculture actuelle, en
ne faisant pas la javelle et en obligeant le cultivateur à courir derrière
pour relever l'endain et faire la gerbe. Son prix comme faucheuse est
de 750 francs. La moissonneuse-faucheuse coûte 300 francs de plus.

Parmi les nouveautés restant à signaler dans l'Exposition des États-
Unis, nous devons mentionner le remplacement de la plate-forme fixe sur
laquelle tombent les plantes coupées par une plate-forme circulaire adap-
tée à une machine Buckey et mobile sur un axe vertical. Ce plateau, légèrement bombé dans son milieu en forme de calotte, a 1 mètre environ

de diamètre. Les endains, en tombant sur ce plateau, sont entraînés et déposés sans choc au bord de la machine. Il n'y a pas là amélioration de grande importance.

Un inventeur a enfin imaginé de simplifier le mécanisme des faucheuses et des moissonneuses, et de remplacer les deux ou trois pignons et les deux ou trois roues d'angle qu'on trouve dans toutes les machines par une roue motrice agissant sur une vis sans fin, dont la tige fait aller la manivelle de la lame coupante. Le mécanisme est de la sorte considérablement réduit.

Le mécanisme est bien fait, bien protégé ; la vis sans fin est faite en acier fondu de première qualité, et la roue dentée en bronze de canon.

Le brevet pris pour ce perfectionnement a amené, pour son exploitation, la création d'une compagnie, *the Superior Machine Company*, à Weeling (Virginie occidentale). Cette compagnie fabrique des faucheuses, des faucheuses-moissonneuses et des moissonneuses d'après ce système. Ces machines sont faites avec soin et ont leurs coussinets en cuivre. Toutes les pièces qui les constituent peuvent être achetées séparément d'après un tarif.

Dans les champs de Léopoldsdorf, la *Superior mower* a fourni un travail assez satisfaisant ; elle a convenablement fauché le lot de vesces en vert qui lui a été attribué. Ses prix sont très-bas : ainsi la faucheuse ne se vend pas plus de 350 francs aux États-Unis. Son bas prix et la simplicité de son mécanisme méritent l'attention du public agricole.

En résumé, si l'on compare l'exposition agricole des États-Unis en 1873 à celle de 1867, on n'y trouve pas de différence bien marquée.

A Paris, l'exhibition américaine était incontestablement plus complète, et par suite beaucoup plus considérable ; ses produits étaient plus abondants et ses instruments d'agriculture plus variés. A côté des faucheuses et des moissonneuses, il y avait au Champ-de-Mars et dans l'annexe de Billancourt des spécimens de machines agricoles de toutes sortes, des chariots pour les transports, des herses pour l'ameublissement du sol, des charrues, des semoirs, des égreneuses de coton, des batteuses de maïs et de très-intéressantes collections d'outils en acier. Au Prater de Vienne, l'exposition était plus restreinte ; elle n'a guère compris, comme nous l'avons vu, que des faucheuses et des moissonneuses ; mais, par contre, cette catégorie de machines a été représentée comme jamais elle ne l'avait été auparavant. Ces utiles instruments offraient un ensemble des plus complets et des plus satisfaisants. Leur construction témoignait des soins, de plus en plus grands qu'y attachent les fabricants. De réels perfection-

nements dans le montage et la disposition des engrenages ont pu être
constatés; de plus, les machines à deux fins, dites combinées, ont paru
en grand nombre et avec des qualités qui assurent leur succès dans la
pratique. Le problème de la coupe de l'herbe et des céréales se trouve
évidemment résolu aujourd'hui à la satisfaction des agriculteurs, et, quand
on aura pu réaliser pratiquement le perfectionnement que poursuivent
MM. Wood et Locke pour le liage des gerbes, nous ne savons pas ce qu'on
pourra encore désirer. La tentative de 1873 ne sera pas perdue pour les
inventeurs, et la prochaine Exposition universelle nous apportera sans
doute la solution de cette dernière partie du problème.

Un deuxième fait ressort encore de l'exhibition de Vienne, c'est le développement énorme de la fabrication des moissonneuses et des faucheuses
aux États-Unis, et la spécialisation de cette fabrication entre les mains de
compagnies puissantes, condition qui assure la perfection et l'économie
de la construction. Aussi les manufactures américaines arrivent-elles à
avoir, sur le continent européen, à peu près tout le monopole de la production de ces instruments et de leur commerce, qui a acquis, dans ces
dernières années, une très-grande importance [1].

Dans l'attribution des récompenses, la prédominance des machines à
moissonner et à faucher s'est fait aussi sentir. Tous les prix de l'ordre le
plus élevé ont été accordés aux exposants de ces instruments. Sur seize
récompenses décernées aux exposants américains dans cette section, huit
ont été attribuées pour les faucheuses et les moissonneuses, savoir : un
diplôme d'honneur, quatre médailles de progrès et trois médailles de mérite. Les autres exposants n'ont eu que cinq médailles de mérite et deux
mentions honorables.

En 1867, les États-Unis avaient obtenu pour leurs instruments d'agriculture trente-neuf récompenses, dont deux grands prix, trois médailles
en or, cinq médailles d'argent, six médailles en bronze.

Quant aux denrées agricoles exposées dans les galeries de Vienne, ce
sont encore les mêmes articles qu'en 1867; les céréales, le coton, le tabac, le riz, etc., en formaient la grande masse.

Mais ces échantillons n'ont eux-mêmes qu'une importance secondaire,
ils n'offrent rien qui attire : si l'on n'y voit pas de différence avec ce qu'on
a vu en 1867, si l'on n'y remarque aucun progrès apparent, ils n'ont plus
cependant la même signification. Ces quelques bocaux de grains, ces
quatre ou cinq balles de coton, ces liasses de feuilles de tabac, ces carcasses de porc fumées, prennent un tout autre aspect aux yeux de celui

[1] L'exportation des machines agricoles, qui sont à peu près uniquement des faucheuses et des moissonneuses, a dépassé, en 1871, le chiffre de 30 millions de francs.

qui cherche à pénétrer au fond des causes et des effets. Pour lui, ils représentent la production agricole du pays. Ce n'est plus la machine seulement qui est en jeu, ce n'est plus un simple outil perfectionné en vue de
tel ou tel sol; c'est l'agriculture entière; ce sont les procédés, la puissance
productive et même les institutions du pays qu'ils conduisent à examiner
pour les comprendre dans leur sens vrai.

Quelle est la production actuelle de l'agriculture américaine? quels
sont ses progrès? quelles sont les causes qui les favorisent? quel enseignement peut-on en tirer? Telles sont, en effet, les questions multiples qui
se pressent dans l'esprit de l'observateur attentif, quand celui-ci passe devant ces échantillons modestes qui occupent une si petite place au milieu
des merveilles accumulées de l'industrie humaine.

Le développement des États-Unis date d'un nombre d'années relativement petit. Les premiers pionniers qui vinrent se fixer dans les États de
la Nouvelle-Angleterre apparurent au commencement du XVIIe siècle; ils
s'établirent entre les premiers contre-forts des Alleghanys et la côte de
l'Océan, au moment même où la France commençait, de son côté, la colonisation du Canada.

Cette époque était un temps de fermentation intellectuelle et politique
dans la Grande-Bretagne. Les principes de la liberté, les droits des hommes
et particulièrement ceux des Anglais, la nature, l'exercice et les objets du
gouvernement y étaient les sujets d'une discussion générale, et beaucoup
d'individus avaient embrassé avec chaleur les maximes libérales. De plus,
comme la religion d'État tenait de la couronne sa force et ses droits, l'É-
glise anglicane soutenait la doctrine de l'obéissance passive et du droit
divin, et les puritains, en défendant leur liberté de conscience, étaient
forcés d'attaquer le pouvoir temporel et de défendre leur liberté civile. Ces
circonstances avaient poussé au delà de l'Atlantique un certain nombre de
ces hommes ardents, entiers dans leurs convictions et qui, sentant le besoin d'établir la liberté sur les bases les plus larges, voulaient convertir
les maximes générales de la liberté religieuse et politique, qu'on admettait
dans la théorie, en vérités pratiques, au moyen d'institutions libres. Ces
hommes convaincus et déterminés apportèrent dans leur nouvelle patrie
leurs idées d'émancipation et de liberté, le droit de représentation, en
laissant derrière eux les entraves que la cour et l'Église cherchaient à
imposer à leurs concitoyens de la mère patrie, telles que servitudes féo-
dales, ordres privilégiés, corporations, etc.

Ce ne furent donc pas de simples chercheurs d'or, des aventuriers avides
de richesses, des rebuts de la société anglaise qui jetèrent les premiers
fondements de la colonie américaine; ce furent des hommes austères, sou-

tenus par une foi civile et religieuse robuste, de rigoureux puritains, des hommes bien considérés et dans une bonne position sociale, et qui, s'arrachant aux douceurs d'une existence large et assurée, vinrent, pour le triomphe d'une idée, pour obéir à un besoin purement intellectuel, s'exposer à toutes les rigueurs de l'expatriation. La société leur paraissait corrompue et asservie, ils l'abandonnèrent pour en créer une nouvelle d'après leurs idées. Ces hommes durs, laborieux, aimant la vraie liberté par-dessus tout et sachant la respecter chez leurs semblables, essentiellement pacifiques, ne poursuivant que le triomphe du vrai et du juste, s'attachèrent à la culture du sol, le défrichèrent, s'organisèrent entre eux, se donnèrent une constitution en conformité avec leurs doctrines. Les premiers établissements où ils s'étaient groupés pour l'exercice de leur culte et où les mœurs patriarcales, avec la pratique d'une religion sévère, régnaient en souveraines, se développèrent rapidement. Leur trop-plein donna naissance à de nouveaux centres; ceux-ci se multiplièrent à leur tour et constituèrent d'autres établissements. C'étaient comme des essaims s'échappant continuellement de la ruche mère pour aller se fixer ailleurs, sans jamais trop s'éloigner du centre ni perdre les traditions des premiers jours! L'esprit puritain et indépendant se conserva religieusement, et les institutions se modelèrent partout sur les idées politiques et religieuses des premiers colons.

La métropole n'y prit pas garde : elle avait bien autre chose à faire à cette époque; et le *self-government* devint la seule règle de ces hommes habitués à ne compter qu'avec eux-mêmes et avec leur conscience. On conçoit ce que dut devenir la nouvelle colonie avec de tels éléments et avec des hommes de cette trempe!...

Bien différente fut l'évolution de la colonie française du Canada. Le point de départ était le même; la population au xvii⁰ siècle y comptait le même nombre d'individus; l'avenir semblait même plus souriant à la colonie française. La Nouvelle-France présentait, en effet, des conditions d'établissement plus avantageuses; le sol était plus riche, les eaux plus poissonneuses; un magnifique fleuve, le Saint-Laurent, l'arrosait et la mettait en communication avec d'immenses lacs intérieurs; le bois et les productions naturelles y abondaient; une baie admirablement dotée par la nature en rendait l'accès facile. Malheureusement, les colons ne furent pas des hommes de même caractère, de mêmes aspirations et de mêmes aptitudes que ceux de la Nouvelle-Angleterre.

Notre histoire coloniale, il faut bien l'avouer, est généralement affligeante. Ce ne sont que combats, abus et erreurs, des dépenses énormes, des expéditions aventureuses, des plans avortés, une réglementation

excessive et l'absence de tout esprit d'indépendance et de *self-government*
établi sur des bases durables.

Dans la métropole, on se figure qu'on colonise avec les rebuts, les non-
valeurs, alors que, pour réussir dans des conditions difficiles, il faut l'élite
des administrateurs, des hommes ardents, zélés, et des colons durs au
travail et d'une foi robuste.

Tandis que l'Angleterre envoyait à l'Amérique du Nord ces puritains
austères qui fuyaient la corruption de la métropole, la France, à la même
époque, cédait à d'autres entraînements; des ministres mal informés, in-
habiles et prévenus se montraient faciles aux courtisans, donnaient des
concessions de terre immenses et se prêtaient à des spéculations finan-
cières désastreuses; le monopole paralysait toute industrie naissante; on
y vendait surtout le droit de chasse. Quelques gouverneurs capables et
dévoués, comme Roberval et Champlain, cherchèrent à arrêter le mal
dans sa source; mais leurs efforts furent constamment paralysés par le
gouvernement de la métropole en proie aux intrigues de toutes sortes.
Une politique fatale ne permit même pas aux victimes de la révocation de
l'édit de Nantes de retrouver, à quelques égards, une nouvelle patrie au
Canada. Les malheureux fugitifs durent aller aider de leurs lumières et
de leur expérience la puissance de nos voisins, et préparer la prospérité
industrielle et la grandeur de nos ennemis.

Quant aux colons, ils étaient, à quelques exceptions près, des fils de
famille et des soldats, venus à la recherche des moyens de faire fortune;
c'étaient des hommes au cœur vaillant et généreux; mais, malheureusement,
négligeant le défrichement des terres, ils préférèrent les profits et les
aventures de la chasse : tous furent d'intrépides trappeurs; les lacs et les
épaisses forêts n'eurent pas de danger qu'ils ne bravassent. Ils ne se lais-
sèrent point arrêter par les cataractes des fleuves. Toujours à la recherche
des périls, ils furent en lutte continuelle avec les sauvages, auxquels ils
disputaient le gibier; courant partout, ils arrivèrent jusqu'aux bouches du
Mississipi, mais ne se fixèrent nulle part, car on ne peut appeler établissements les quelques fortins qu'ils construisirent çà et là sur d'immenses
espaces au milieu et à la merci des tribus hostiles. La famille ne put se
constituer d'une façon sérieuse avec une existence aussi aventureuse.

Ce fut la première faute; elle pouvait être cependant réparée, comme
elle le fut plus tard, par la race énergique qui l'avait commise, faute d'une
direction convenable au début; mais il y en eut une autre qui réagit d'une
façon autrement désastreuse sur l'avenir du Canada.

Tandis que les colons de la Nouvelle-Angleterre restaient oubliés dans
leur coin, se gouvernant à leur guise pour se voir soutenir victorieusement

le jour que la métropole fit mine de s'ingérer dans leurs affaires, le Canada, après avoir été tyrannisé, réglementé à outrance et exploité de toutes les manières, était odieusement abandonné et livré à l'Angleterre. A partir de ce moment, au lieu de recevoir le bienfait d'institutions libres, d'être débarrassée des entraves qui l'étreignaient, de l'esprit de réglementation qui la paralysait, la colonie vit les obstacles à son développement se multiplier encore; ce ne fut plus seulement la liberté dans ses mouvements qui lui fut refusée, elle eut à subir toutes sortes d'épreuves plus rudes les unes que les autres. Ses nouveaux possesseurs s'acharnant à étouffer tout germe d'émancipation en elle, tout fut mis en œuvre pendant cinquante ans pour dégoûter la race énergique qui avait fini par se créer de solides établissements, par y conquérir son sol et fonder l'influence du génie français.

La métropole usa de tous les moyens même pour annihiler cette influence et faire disparaître, au profit de l'élément saxon, les familles françaises, leur religion et leur langue!... Vains efforts cependant, et ce qui prouve la vitalité de notre race et des ressources qu'elle offrirait pour la colonisation si on la laissait libre dans son essor, le Canada français a lassé ses ennemis, a pris le dessus, a conservé sa langue, ses mœurs, et est devenu une colonie prospère.

Mais, gêné comme il l'a été à ses débuts et pendant son évolution jusqu'au milieu de ce siècle, le développement du Canada n'a pu évidemment être le même que celui des États-Unis. Aussi, tandis qu'au moment où la guerre de l'indépendance éclatait la colonie anglaise était arrivée à avoir une population de près de 3 millions d'âmes, la colonie française n'en avait encore que 200,000; elle a mis soixante-dix ans de plus pour atteindre le même résultat, grâce à la réglementation à outrance qui l'enserrait. Dès 1776, la Nouvelle-Angleterre avait une organisation tellement solide, qu'elle pouvait lutter contre l'Angleterre et conquérir son indépendance.

Après le traité de Versailles, qui fonda la République des États-Unis, le développement de ce pays prit un nouvel essor, et sa puissance n'a fait que grandir d'année en année.

Aujourd'hui, les États-Unis possèdent un territoire grand comme l'Europe et une population de 40 millions d'habitants!... Examinons plus particulièrement ses progrès pendant les dix dernières années.

En 1860, la population des États-Unis était de 31 millions; elle s'est donc accrue d'un quart environ en dix ans, ou de 2,22 pour o/o par an.

La classe des agriculteurs compte pour 22 p. o/o dans le chiffre de la population[1]; en France, elle y entre pour 52,71 p. o/o (cens de 1872).

Les progrès de la culture dans les dix dernières années ont été encore plus rapides que l'accroissement de la population. La valeur de la propriété foncière a augmenté de 126 p. o/o dans les vingt dernières années. Elle est évaluée actuellement à 100 milliards.

En 1850, la surface des terrains appartenant à des particuliers ou à des établissements publics était en nombre rond de 117,500,000 hectares, dont 44,500,000 étaient en culture. En 1860, il y avait 162,800,000 hectares, appartenant à des particuliers, et sur ce nombre 65 millions étaient en culture. En 1870, la surface des domaines privés a doublé par suite de l'activité des ventes publiques. Elle a atteint quatre fois l'étendue de la France. Le nombre des hectares améliorés ou livrés à la culture s'y est élevé à 75 millions. En admettant que la population agricole des États-Unis soit de 10 millions d'âmes, on trouve 7 hectares de terre cultivée par tête: en France il n'y en a guère que 1,5.

Le nombre des exploitations a augmenté dans une proportion aussi importante.

En 1850, le nombre des fermes était de. 1,449,080
En 1860, de. 2,044,000
En 1870, il a atteint. 2,660,000

Comme nous l'avons déjà fait voir plus haut, c'est la petite propriété qui domine aux États-Unis. L'administration, dans ses ventes de terre, limite à dessein l'étendue de chaque lot pour ne pas créer ces monopoles de terre qui sont dans d'autres pays la ruine de la colonisation. Elle a fixé à 125 hectares le maximum de terrain qui peut être acheté par le même individu. Elle n'admet les grandes concessions de territoire que pour les établissements publics qu'il s'agit de doter, pour la construction de certains chemins de fer. Ainsi la compagnie du Great Pacific Rail-Road a obtenu du Congrès, à titre de subvention, l'abandon, sur 1,600 mètres à droite et à gauche de sa ligne, du territoire public que cette grande voie traverse.

---

[1] La population totale de dix ans d'âge et au-dessus était de 28,228,945 en 1870, et comptait 5,922,471 personnes engagées dans les professions agricoles, savoir :

Propriétaires exploitants et fermiers.	2,977,711
Ouvriers agricoles.	2,885,996
Vignerons	1,112
Régisseurs.	3,609
Jardiniers.	31,565
Conducteurs de bestiaux. .	15,369
Personnel de laiterie.	3,550
Agriculteurs.	1,085
Personnel employé à l'exploitation de la résine..	2,478

Par un acte du Congrès, en date du 2 juillet 1862, donation a été faite d'une surface de terres publiques grande comme la France, aux États qui ont fait les fonds nécessaires pour l'érection et les frais de premier établissement d'écoles centrales d'agriculture, du commerce et de l'industrie.

La législation des États-Unis s'est ingéniée à édicter toutes les dispositions de nature à rendre la propriété le plus accessible à tous les colons et à un prix excessivement bas (quelques francs par hectare); des bureaux sont ouverts à cet effet, et, en dehors des ventes publiques qui ont lieu à certaines époques, chacun peut faire choix du lot qui lui convient, pour le prix moyen de la dernière adjudication publique. On n'attend ni un mois, ni une semaine, ni un jour son titre de propriété, on le reçoit séance tenante, et le jour même on peut prendre possession de son bien, et tout cela sans frais à la charge des colons.

L'accroissement de la valeur du cheptel et du matériel des fermes a suivi, pendant les dix dernières années, celui du capital foncier.

En 1870, les fermes étaient évaluées, comme fonds, à 46,315,000 fr., ce qui fait une moyenne de 17,500 francs par exploitation, ou 276 francs par hectare.

Le capital engagé par la culture en machines et instruments aratoires était, à la même époque, de 1,685 millions de francs, et le capital vivant était évalué à 7,626 millions; soit en tout 9,311 millions de francs[1]. C'est par ferme 3,500 francs et par hectare 55 francs. On peut compter 65 francs au maximum en y ajoutant la valeur des semences.

Ces chiffres sont bien inférieurs pour l'unité de surface à ce qu'ils sont en France. Si nous examinons le capital travail, qui est le troisième agent de la production, nous le trouvons encore plus faible relativement. Les États-Unis, d'après les dernières statistiques, auraient dépensé en 1870, en salaires et frais d'entretien des ouvriers ruraux, une somme de 1,555 millions de francs. Cette somme, répartie entre les 2,660,000 exploitations existant à cette époque, donne une dépense moyenne de 584 francs par ferme, ou de 9 fr. 30 cent. par hectare : et cependant les salaires sont excessifs aux États-Unis; la main-d'œuvre fait encore plus défaut que dans nos contrées. Le laboureur intelligent, versé dans la pratique du métier, gagne aisément 10 à 12 francs par jour. Dans les districts du Pacifique et dans les territoires non encore érigés en États, sa

[1] Le nombre des chevaux de ferme, en 1870, était de 7,140,000.
Le nombre des bœufs de travail était, à la même époque, de 1,300,000.
On peut estimer, d'après ces chiffres, qu'il y a 1 tête de bête de travail adulte pour 19 hectares cultivés aux États-Unis, proportion de la culture extensive.
La culture intensive en a le double, sinon le triple.

journée se paye jusqu'à 25 francs. Le journalier inexpérimenté, qui n'apporte que ses bras sans avoir la moindre connaissance professionnelle, reçoit en hiver 5 à 6 francs par jour et 7 à 8 francs dans les États du Pacifique. Pendant la moisson, alors qu'il faut songer à sauver les récoltes à tout prix, la journée n'a pour ainsi dire plus de taux. La moyenne générale des salaires dans les États du centre et de la Nouvelle-Angleterre est de 7 fr. 70 cent. Il ne faut pas croire d'ailleurs que l'entretien d'un ouvrier agricole justifie ce taux des salaires. Si, à la ville, la vie est très-dispendieuse aux États-Unis, à la campagne elle ne l'est pas beaucoup plus qu'en France; la nourriture est comptée dans les fermes à 2 francs par jour et par ouvrier. La dépense des agriculteurs en salaires équivaut donc à une journée et demie d'homme par hectare exploité, ou à trois journées au plus par hectare en culture arable.

Ces chiffres sont la conséquence de la situation économique de l'Amérique septentrionale. La terre y abonde et est à bon marché; les colons ne sont pas riches, ont peu de capital, et la main-d'œuvre est rare et d'un prix élevé. Le système logique de culture consiste à faire prédominer l'agent de production le plus abondant, c'est-à-dire celui qui coûte le moins, la terre, et à réduire le plus possible l'emploi de celui qui coûte le plus, c'est-à-dire le capital et la main-d'œuvre. Ce sont là les conditions que réalise la culture extensive, aussi est-ce elle que nous trouvons généralisée aux États-Unis. C'est la seule qui soit rationnelle, qui puisse y être avantageuse. Faire autrement serait faire de la mauvaise agriculture. Voilà pourquoi Washington a pu écrire à sir John Sinclair que les procédés de l'agriculture anglaise ne pouvaient convenir aux colons américains, précisément parce qu'ils étaient perfectionnés, et partout l'histoire nous enseigne, en effet, que les émigrants d'un État riche et bien cultivé, qui ont voulu transporter les systèmes, le bétail et les cultures de la mère patrie dans les contrées peu habitées et naissant à la vie publique, ont toujours échoué.

L'heure n'est pas encore venue pour les États-Unis de faire de l'agriculture intensive; celle-ci serait en ce moment la négation du véritable progrès.

Les produits de cette culture extensive aux États-Unis ont atteint, en 1870, une valeur de 2,448 millions de dollars (environ 12,240 millions de francs) en grains, paille, fourrages, coton, tabac, y compris la nourriture des bestiaux. La valeur des animaux abattus ou vendus pour être abattus s'est élevée, dans le même temps, à 2 milliards de francs; en défalquant la valeur des fourrages consommés par les animaux de travail, on peut estimer que la production réelle des États-Unis en denrées agricoles ne doit pas s'éloigner beaucoup de 12 à 13 milliards de francs[1]. C'est 4,800 francs par ferme, et par hectare 76 francs. Le produit serait de 150 francs par hectare si nous ne comptions que les 75 millions d'hectares cultivés, en négligeant les parcours, les friches que la charrue n'a pas encore attaqués; mais, comme ces terrains produisent du bétail, on peut évaluer à 120 francs par hectare la part qui revient réellement à la culture arable, et à 67 francs le produit réalisé, frais de main-d'œuvre déduits, pour un capital engagé (bâtiments, terre et cheptel) de 330 francs par hectare.

Tels sont les résultats de la culture extensive de l'Amérique du Nord. Le produit brut représente le cinquième du capital engagé. Les bonnes cultures de la France ne donnent pas un rapport aussi avantageux : le produit brut, en déduisant les frais de main-d'œuvre, n'est guère que le sixième ou même le septième du capital engagé. Le colon américain retire, par conséquent, un intérêt plus élevé que nous de ses capitaux. Ce produit équivaut, par rapport à la population rurale, à 1,200 francs par tête, et approche de 6,000 francs par adulte attaché à la culture du sol. Ces chiffres sont supérieurs encore à ceux que la statistique nous fournit pour l'Europe; d'où il suit que la puissance productive de l'individu aux États-Unis est plus considérable que celle des ouvriers agricoles du continent considérés dans leur ensemble.

Le colon américain récolte peu par hectare; il n'en fait pas moins, en distribuant son travail et ses avances sur beaucoup d'hectares, une grande masse de produits et un aussi gros profit que les cultivateurs des régions à culture intensive.

Les mots de système simple d'agriculture et de mauvaise agriculture ne sont donc pas synonymes, et l'Allemand Ebeling, dans son excellente description des États-Unis, commettait une grave erreur quand il se plaignait, en toute occasion, dans la narration de son voyage, du défaut d'habileté des agriculteurs américains, qui ne labourent et ne hersent qu'à la surface, ne s'occupant pas d'engrais et ne pratiquant pas la culture alterne.

Les progrès que l'on peut signaler dans l'agriculture américaine consistent, dès lors, bien plus dans l'extension des cultures et dans la mise en valeur de nouveaux espaces que dans le perfectionnement des procédés culturaux. Ces progrès, nous les avons signalés; ils ont amené les États-Unis à être, de tous les États civilisés, le plus grand producteur de céréales.

[1] En dehors de cette production, la culture fourragère a fourni 347 millions de francs; l'exploitation des bois, 184 millions; les manufactures, 117 millions.

En 1850, cette contrée ne produisait pas plus de 290 millions d'hectolitres; en 1870, elle est arrivée à en récolter 550 millions, valant 5 milliards[1].

La masse des céréales a donc doublé aux États-Unis en vingt ans.

Il a fallu soixante ans à l'Europe pour arriver au même résultat.

La production des grains est en France de......... 335,000,000 hectol.
Elle est en Allemagne de..................... 350,000,000
En Russie de........................... 500,000,000
Dans la Grande-Bretagne de................... 235,000,000
En Autriche-Hongrie de..................... 200,000,000

Les États-Unis, qui, il y a vingt ans, n'exportaient guère en Europe que du coton et du tabac, expédient aujourd'hui au continent des céréales pour une valeur de 400 millions de francs dans une seule année.

Trois céréales forment le fond de la culture américaine; ce sont : 1° l'avoine, dans les États les plus septentrionaux; 2° le froment, sur les côtes de l'Atlantique, dans les États situés au sud des grands lacs du Nord, et en Californie sur les côtes du Pacifique; 3° le maïs, qui vient surtout dans la grande région du centre appelée la Prairie.

Le riz, le coton et la canne à sucre servent à l'exploitation du sol dans les régions chaudes du Sud.

Le maïs est de tous les grains cultivés celui qui rend plus aux États-Unis (20 hectolitres par hectare en moyenne). En vingt ans, sa production a augmenté de 120 millions d'hectolitres; elle est aujourd'hui de 380 à 390 millions d'hectolitres. L'Europe entière en produit 70 millions d'hectolitres; c'est le cinquième de ce que les États-Unis obtiennent de leur sol.

Au point de vue de la consommation intérieure, le maïs joue un grand rôle aux États-Unis, ce grain est employé à l'alimentation publique et sert à engraisser du bétail et surtout des porcs; il fournit peu à l'exportation.

C'est le froment qui constitue la principale céréale du commerce de cette contrée avec le vieux continent. C'est aussi la culture qui a pris le plus de développement dans les dix dernières années; en vingt ans sa production a doublé, par suite du doublement de la surface consacrée à cette céréale; elle a atteint, en 1870, le chiffre de 80 millions d'hecto-

[1] Les principaux États producteurs sont :

L'Illinois.......... 700,000,000 fr.
L'Indiana.......... 410,000,000
L'Ohio............. 520,000,000
La Pensylvanie...... 600,000,000
New-York.......... 750,000,000 fr.
Kentucky.......... 230,000,000
Tennessee......... 300,000,000
Iowa.............. 350,000,000
Californie (froment).. 190,000,000

litres. Le rendement moyen est encore celui de la culture extensive : il varie entre 10 et 11 hectolitres par hectare. Le montant des exportations en grain et farine des États-Unis s'est élevé, l'an dernier, à 350 millions de francs. Il y a là un progrès considérable réalisé, progrès qui ne laisse pas d'inquiéter les producteurs français, bien à tort assurément; car les cultivateurs américains ont de grands frais à supporter, des transports onéreux à effectuer, une main-d'œuvre coûteuse à payer, et ne peuvent, dès lors, envoyer sur nos marchés leurs blés qu'autant que les cours atteindront des prix qu'il serait fâcheux de voir dépasser dans l'intérêt général. Ils n'apparaîtront sur le continent que lorsqu'on aura besoin d'eux; ils n'arriveront jamais dans les années moyennes, et à plus forte raison dans les temps d'abondance, quand la production locale suffit aux besoins de la consommation. Croire autre chose serait contraire aux faits et se créer des craintes purement chimériques. Il en sera des blés du Grand-Ouest et de la Californie comme de ceux de la Hongrie et de la Russie, dont on faisait naguère un si grand épouvantail. Ces grains devaient faire tomber le froment à 10 et 11 francs l'hectolitre et même au-dessous. L'expérience a montré combien cette erreur était grande. L'arrivée libre des grains étrangers maintient les prix dans des limites raisonnables. Elle a clos l'ère des famines, des prix de disette; voilà tout : peut-on s'en plaindre?

La production de l'avoine aux États-Unis est à peu de chose près la même que la nôtre : elle est de 80 millions d'hectolitres.

Pour la culture des pommes de terre, les Américains présentent forcément, en raison du système extensif de leurs exploitations rurales, un état d'infériorité marquée sur les États de l'Europe. Ils n'en produisent actuellement que 42 millions d'hectolitres par an, tandis que la France en récolte le double, et l'Allemagne le quadruple.

Mais le grand triomphe de l'agriculture des États-Unis, ce sont ses cultures industrielles. Tandis que, dans l'Amérique espagnole, les colons avaient la fièvre des métaux précieux et ne s'occupaient que de la recherche de l'or et de l'argent, tandis que ceux du Canada cherchaient dans les produits de la chasse et dans le commerce des fourrures le moyen de gagner de l'argent, les pionniers des États-Unis avaient le bonheur d'introduire dans leurs cultures, dès les premiers jours de la colonisation, une plante admirablement appropriée à leur sol et à leur climat, le *tabac*.

Leurs gouverneurs, comprenant que la base la plus solide pour assurer le développement du pays était le capital acquis par le travail agricole, et qu'il ne suffit pas d'assurer aux habitants leur subsistance, en favorisèrent la culture de tout leur pouvoir. Grâce à elle, les agriculteurs ont pu acquérir ce qui manque le plus à toute colonie naissante, le *capital*, et l'Amérique y a trouvé les premiers éléments de sa prospérité et de son commerce au dehors : le coton est venu ensuite s'ajouter à cette plante à la fin du dernier siècle, et a doté les États du Sud de la plus riche culture industrielle qui soit au monde.

Après la guerre de l'indépendance, le développement de ces deux cultures éminemment productives prit un nouvel essor et atteignit bientôt les plus grandes proportions.

La culture du coton était arrivée à des chiffres encore plus extraordinaires. Elle ne fournissait pas moins, cette même année, de 1,065,400,000 kilogrammes de coton, qui, exportés presque tout en Europe, rapportaient aux États-Unis une somme de 1 milliard de francs.

En 1860, la production du tabac s'était élevée à 217 millions de kilogrammes, et donnait lieu à une exportation de 82,236,000 francs dans la même année.

La guerre de sécession est venue un moment compromettre cette prospérité inouïe : les plantations avaient été dévastées, les bâtiments incendiés, les magasins pillés et détruits. Ces maux étaient déjà bien grands; la paix vint encore les accroître; l'abolition de l'esclavage enleva aux planteurs les bras qui leur étaient indispensables. Les nègres émancipés et abandonnés à eux-mêmes désertèrent le travail, malgré l'appât de salaires énormes (20 à 25 francs par jour); c'est à peine si les plus laborieux consentirent à travailler un jour sur deux : la ruine de cette culture paraissait imminente. D'autres auraient pu se décourager et abandonner la situation, les planteurs américains, après le premier moment d'effroi passé, se sont remis à l'œuvre avec une énergie sauvage, et aujourd'hui, grâce à la propagation d'un outillage meilleur, à l'importation de coolies des Indes, et surtout de travailleurs chinois, ils ont presque regagné le terrain perdu...

En effet, la production, qui en 1867 était tombée à 2 ou 300,000 balles de 200 kilogrammes, était remontée à 3 millions de balles en 1870 et à 3,400,000 en 1871. Ces efforts ont été récompensés, et l'exportation, grâce à la hausse de prix de la matière première, a rapporté aux États-Unis une somme (1 milliard 93 millions) égale au moins à celle qu'elle fournissait avant la guerre, lorsqu'elle était à son apogée; et le marché de la Nouvelle-Orléans voit renaître son ancienne prospérité.

Pour le tabac, la même reprise de la culture a lieu : les États-Unis en ont produit 262 millions de kilogrammes en 1872.

Les produits et les profits des autres cultures s'effacent, on doit le comprendre, devant de tels chiffres: aussi ne nous y arrêterons-nous pas [1].

Nous devons toutefois une mention aux efforts faits pour ajouter, dans les États-Unis, à ces deux grandes et merveilleuses cultures industrielles celle de la betterave à sucre et de la vigne.

Comme nous l'avons vu plus haut, l'Amérique du Nord est encore un des grands pays importateurs de sucre et de vin; frappés des immenses ressources que retirent la France et l'Allemagne de ces deux productions, les cultivateurs des États-Unis se sont demandé s'ils ne pourraient pas nous imiter. Ils ont, en conséquence, acclimaté la betterave à sucre chez eux. Les essais ont réussi dans l'Illinois, dans l'Ohio et sur les bords du Sacramento. Des sucreries ont été fondées : les campagnes faites jusqu'à ce jour n'ont été heureuses ni dans le Centre ni en Californie, par suite du haut prix de la main-d'œuvre; or la betterave en demande beaucoup, ce qui fait que la racine y coûte cher à produire; d'autre part, l'outillage a laissé à désirer; enfin la direction des services de la sucrerie était partout défectueuse. Les usines créées ont fait de mauvaises affaires; mais l'idée existe. Avec le caractère entreprenant des Américains du Nord, il est hors de doute que la fabrication du sucre de betterave n'arrive à s'implanter dans cette contrée, et que celle-ci, après être arrivée à suffire à sa propre consommation, ne devienne à son tour un pays exportateur de sucre.

Pour la production du vin, qui n'intéresse pas moins notre agriculture, les premières tentatives ont été couronnées de succès. Les coteaux de la Californie offrent surtout des conditions excellentes pour la culture de la vigne. On y produit déjà des vins de table assez bons, des vins blancs qui imitent ceux du Rhin; on y fabrique du champagne qui est estimé par les Américains. Grâce aux énormes droits qui frappent nos produits à leur entrée sur le territoire de l'Union, les vignerons californiens trouvent des débouchés avantageux et faciles pour leurs produits. Aussi les plus grands

[1] Tableau récapitulatif de la production agricole des États-Unis en 1870 :

	hectol.
Froment d'hiver, 1/3; d'été, 2/3	94,242,000
Seigle	5,984,000
Maïs	267,858,000
Avoine	80,000,000
Orge	10,476,000
Sarrasin	3,457,000
Pois et féveroles	2,059,000
Patates	7,812,000
Foin (tonnes)	27,416,000
Graine de lin	612,000
Sirop	857,000
Vin	117,000

	kilogr.
Lait vendu	8,952,000
Riz	33,357,000
Pommes de terre	50,417,000
Houblon	12,900,000
Chanvre	6,000
Lin	14,000,000
Sucre de canne	39,400,000
Sucre de sorgho	10,000,000
Sucre d'érable	12,900,000
Cire	631,129
Miel	6,615,000
Coton (balles de 200 kilogr.)	3,000,000
Tabac	119,017,000
Beurre	232,800,000
Fromage	24,000,800

5

efforts sont-ils faits pour la création d'un vaste vignoble en Californie :
sociétés d'agriculture, gouvernement, particuliers, tout le monde est à la
poursuite de ce but. Avant peu d'années, on peut prédire que la production en vin de cette contrée sera considérable.

La viticulture française a-t-elle lieu de redouter la concurrence des
planteurs d'au delà des Rocheuses? Nous ne le pensons pas. D'après les
échantillons que nous avons pu déguster, il n'est pas de vin en Californie,
pas plus que dans les autres États de l'Union, qui puisse être comparé
aux vins fins de France. Or les bordeaux et les champagnes seuls arrivent
dans les ports de l'Amérique du Nord. Une grande production de vin aux
États-Unis aura pour résultat de faire pénétrer davantage dans les habitudes des habitants du nouveau monde le vin comme boisson de table, et
d'accroître, par suite, la consommation de nos vins fins, qui, quoi qu'on
fasse, resteront toujours maîtres des marchés à l'étranger. Notre commerce
de vin dans l'extrême Orient seul en subira peut-être quelque atteinte dans
un temps plus ou moins éloigné.

Pour les produits animaux, les États-Unis d'Amérique ont également
réalisé, depuis dix ans, des progrès remarquables. Les améliorations ont
encore moins porté sur la qualité et le perfectionnement des races que
sur le nombre des bestiaux de toute sorte. Des efforts ont été faits toutefois pour introduire des animaux de races précoces, tels que les durham,
les dishley, les southdown, les chevaux anglais, percherons et normands.
Mais ce sont là des améliorations de détail, qu'on signale çà et là dans les
vieux États voisins de New-York et d'autres grandes cités de l'Est et du
Centre, où l'agriculture tend forcément à prendre les allures de celle du
continent, en raison du développement de la population; elles s'effacent
en présence de l'augmentation énorme, toujours croissante, du nombre
des animaux ordinaires produits par l'agriculture. C'est toujours la conséquence du système de culture extensif, qui se préoccupe plus du nombre
et de la masse que de la qualité.

Le tableau suivant donne la mesure des progrès réalisés :

EFFECTIF DES ANIMAUX.

	1860.	1870.	Accroissement p. 0/0 en dix ans.
Chevaux............	6,100,000	8,700,000	42,6
Gros bétail..........	23,000,000	25,000,000	8,7
Moutons............	23,000,000	31,000,000	34,8
Porcs..............	32,000,000	29,400,000	(Diminution.)

Quoique considérable déjà, cet accroissement n'est pas cependant celui qu'il aurait pu être, à en juger par le passé. La guerre de sécession a fait encore ici sentir son influence néfaste. Il y a eu, de 1862 à 1868, une grande destruction de porcs et de bestiaux, et leur production a été limitée. On peut aisément s'en convaincre en comparant les effectifs de 1850 et de 1860.

	1850.	1860.	Accroissement p. o/o en dix ans.
Chevaux	4,300,000	6,100,000	42,0
Gros bétail	18,000,000	25,000,000	38,88
Moutons.	21,000,000	23,000,000	9,5
Porcs	29,000,000	32,000,000	10,0

Sans la guerre civile de 1860 à 1870, les accroissements eussent été au moins les mêmes.

Les États-Unis possèdent aujourd'hui trois fois plus de chevaux que la France [1], deux fois plus de gros bétail, un quart de plus de moutons et au moins cinq fois plus de porcs!

Ils ont aussi beaucoup devancé la Grande-Bretagne, qui, en y comprenant l'Irlande. possédait, en 1870 :

Chevaux	2,648,000
Têtes de gros bétail	9,346,000
Moutons	31,403,000
Porcs.	4,136,000

Ils ont autant de bétail que la Russie d'Europe et la Russie d'Asie réunies, presque autant de moutons et trois fois plus de porcs.

Relativement à la surface cultivée, l'Amérique du Nord possède à peu près autant de bétail que la France. Elle a plus de chevaux, moitié moins de moutons, mais plus du double de porcs.

On trouve en effet sur 1,000 hectares cultivés :

	États-Unis.	France.
Chevaux.	116	87
Gros bétail.	346	342
Moutons.	413	750
Porcs.	392	180

Il faut toutefois remarquer que cette supériorité disparaît si l'on fait entrer en ligne de compte les pâtures non cultivées, qui entretiennent en

[1] La France possédait, en 1872 :

Chevaux.	2,882,851
Gros bétail.	11,284,414
Bêtes à laine.	24,707,500
Porcs.	5,889,624

Amérique une masse considérable du bétail mentionné ci-dessus. Il s'ensuit que, par 1,000 hectares exploités, les colons des États-Unis entretiennent moitié moins de bétail que nous; ils ont environ 55 chevaux,
150 têtes de gros bétail, 206 moutons et 195 porcs. Mais, par rapport
à la population, la supériorité des États-Unis en animaux domestiques
reparaît, et montre qu'à ce point de vue leur richesse ne le cède à celle
d'aucun autre pays. Il existe en effet par 1,000 habitants :

	États-Unis.	France.
Gros bétail..............................	650	313
Moutons.................................	775	686
Chevaux.................................	217	80
Porcs...................................	735	163

Cette population d'animaux a amené les États-Unis, depuis quelques
années, à prendre dans le commerce d'exportation du bétail une certaine
importance : en 1870, ce pays a exporté en Europe pour 235 millions de
viande abattue! La grande masse de ces produits se compose de carcasses
de porc et de lard. Le chiffre de l'exportation du lard est monté à 50 millions de francs et celui des jambons à 40 millions de francs.

La viande de porc fumée a fourni au commerce 21 millions de francs.

Le centre principal de l'élevage du porc se trouve dans la région du
maïs et sur les plateaux boisés des Apalaches. La production de cet animal
tend à prendre des proportions de plus en plus considérables; elle a déjà
donné naissance à d'immenses établissements industriels de tuerie, de sa-
laison et de fumage.

Ainsi, les États-Unis, qui, il y a vingt ans, n'exportaient que du coton
et du tabac, sont arrivés à pouvoir envoyer au vieux monde, en 1870, les
denrées agricoles suivantes :

Lard, jambon, viande fumée, pour.	235,000.000 de francs.
Céréales.	400,000,000
Coton.................................	1,093,000,000
Tabac.................................	110,000,000
Divers.................................	60,000,000

soit en tout pour 1 milliard 900 millions de francs de produits de leur sol.

Et ce pays a devant lui d'immenses espaces incultes à cultiver; il a en
culture à peine le dixième de son territoire. Son système d'exploitation
est encore essentiellement extensif; on peut juger, par les progrès accomplis en cinquante ans, tout ce que l'avenir lui réserve de puissance.

La présence d'une race entreprenante, issue d'une souche d'hommes
austères, de mœurs sévères, animés d'une grande foi religieuse, doués
d'une grande indépendance de caractère, attachés au sol, aimant à le cul-

tiver, déterminés surtout à créer dans leur nouvelle patrie une société virile d'après leur image, telle est la cause première du développement des États-Unis. Les mœurs ont pu changer depuis, les sentiments ont pu se modifier plus ou moins, mais le fond du caractère n'a pas disparu; les assises de granit sur lesquelles repose l'édifice existent toujours et répondent de sa solidité comme de son avenir.

Les autres causes qui ont favorisé cette évolution tenant du prodige sont :

L'abondance presque illimitée d'une terre propre à la culture, avec un climat propice ;

L'existence d'une législation donnant à tous, sans distinction, les plus grandes facilités pour acquérir de la terre à très-bas prix, favorisant l'établissement de chaque colon, et l'absence de toute réglementation de nature à entraver en quoi que ce soit le colon dans sa jouissance et son travail;

Le développement d'institutions civiles et politiques imprimant au caractère de chacun l'énergie, le sentiment de n'avoir jamais à ne compter que sur soi, et par suite l'esprit du *self-government;*

Les salaires élevés;

La facilité des transports par terre et par eau [1];

L'application à la culture du sol du seul système (extensif) capable d'y être actuellement rémunérateur, et l'introduction dans la culture, dès le début de la colonisation, c'est-à-dire au moment convenable, de deux plantes industrielles merveilleusement appropriées aux sols et aux climats variés du pays et de nature à fournir en abondance le capital, c'est-à-dire ce qui manque le plus aux premiers pionniers, ce qui est le premier et le plus grand besoin de toute colonie naissante.

Il y a là bien des enseignements pour nous, pour nos colonies et surtout pour l'Algérie. Ils se déduisent d'eux-mêmes et justifient amplement la longueur des développements dans lesquels nous sommes entré.

IV

LA GRANDE-BRETAGNE ET LES COLONIES ANGLAISES.

L'Angleterre se trouve dans une situation tout à fait différente de celle des États-Unis de l'Amérique septentrionale : c'est le pays de la grande

---

[1] Indépendamment des magnifiques fleuves qui offrent à ce pays une navigation intérieure des plus commodes, le plus grand développement a été donné aux canaux, aux routes, et particulièrement aux chemins de fer. En 1870, il existait 85,440 kilomètres de chemins de fer en exploitation sur le territoire des États-Unis. Ces lignes de fer ont transporté, rendant cette même année, 95 millions de tonnes de marchandises. En 1860, le tonnage transporté par tête était de 1,200 livres. En 1870, il est monté à 3,816 livres. Chaque année voit croître l'étendue des chemins de fer et des canaux.

culture[1] et de l'industrie par excellence; aussi son exposition a-t-elle présenté un aspect tout autre.

Ce ne sont plus des monceaux de matières premières qui garnissaient ses galeries, les produits manufacturés y occupaient la plus grande place; le même esprit toutefois a présidé à son organisation, le même but a été poursuivi, rien n'y a été livré au hasard ni à une vaine ostentation. Les Anglais se sont montrés dans cette grande solennité aussi positifs que les Américains; ils ont rempli l'espace qui leur était attribué avec les articles qu'ils ont intérêt à faire connaître, avec les produits pour lesquels il leur faut des débouchés, les machines qui sont ou peuvent devenir pour eux l'objet d'un commerce important avec l'étranger : en dehors de cela, on

[1] On estime à 250,000 le nombre des propriétaires du sol du Royaume-Uni (Angleterre, Écosse et Irlande); il s'ensuit que la moyenne de chaque propriété atteint une centaine d'hectares, avec un revenu foncier de 5,000 francs par an. 2,000 familles possèdent à elles seules 10 millions d'hectares, soit 5,000 hectares chacune et un revenu annuel de 250,000 francs.

La division du sol au point de vue de la culture est plus grande. Voici, d'après la dernière statistique (1867), le nombre des fermes existant dans la Grande-Bretagne :

Angleterre (pays de Galles compris)	225,318
Écosse	56,650
Îles de la Manche	3,968
TOTAL	285,000

En Irlande, la culture est bien plus divisée. On y trouve 600,000 fermes ou *tenures* en nombre rond.

L'étendue moyenne des fermes est de 41 hect. 27 ares dans la Grande-Bretagne. En prenant isolément les pays qui constituent ce royaume, on trouve 45 hectares pour la grandeur moyenne des fermes en Angleterre, 30 pour celle des fermes de l'Écosse et 41 pour celle des îles de la Manche.

On comptait, sur 1,000 fermes, dans la Grande-Bretagne :

Fermes ayant moins de 41 hectares à exploiter	672
Fermes ayant de 41 à 82	187
Fermes de 82 à 410	137
Fermes de plus de 410	4

Les fermes, en Irlande, se répartissent de la manière suivante :

Exploitations ayant moins de 2 hectares	130,690
Exploitations en ayant de 2 à 6	176,368
Exploitations de 6 à 12	136,578
Exploitations de 12 à 20	71,961
Exploitations de 20 à 40	54,844
TOTAL des exploitations de moins de 40 hectares	570,441
Exploitations de 41 à 82 hectares	22,065
Exploitations de 82 à 200	8,303
Exploitations de plus de 200	1,559
TOTAL des exploitations de 41 à 200 hectares et au-dessus	31,927
REPORT des exploitations de moins de 40 hectares	570,441
TOTAL GÉNÉRAL	602,368

Ces chiffres ne donnent pas, toutefois, la mesure exacte de la grandeur des exploitations agricoles; un très-grand nombre d'agriculteurs cultivent à la fois deux, trois, quatre fermes et même plus. Aussi, en Angleterre et en Écosse, les cultures de 400 ou 500 et 600 hectares ne sont pas rares. Ce sont les îles de la Manche qui offrent les plus petites cultures : les exploitations s'y touchent, et par leur petitesse donnent à ces belles et riches îles l'aspect d'une réunion de jardins.

n'y trouvait plus rien; mais, par contre, comme les Américains, ils ont fait preuve d'un remarquable savoir-faire; ils n'ont reculé devant aucune dépense, devant aucun soin, pour attirer l'œil des visiteurs et augmenter leur clientèle. La collection de leurs machines agricoles a surtout brillé sous ce rapport : leurs fabricants savent que l'argent dépensé à montrer au public des instruments travaillés et polis comme des pièces d'horlogerie, peints avec le plus grand soin et disposés avec un certain art, est toujours placé à gros intérêt; la tenue et l'ordre qui, de plus, n'ont cessé de régner dans cette partie du palais, étaient parfaits. Il serait désirable que nos exposants d'instruments d'agriculture profitassent d'un tel exemple, et apprissent à mieux faire valoir leurs produits et à disputer aux maisons anglaises une partie de leurs débouchés : nos grandes usines métallurgiques y sont bien arrivées pour la fabrication des rails, des locomotives, des appareils de distillerie, etc.

L'emplacement occupé par l'Angleterre et ses colonies a été de 16,174 mètres carrés, se répartissant de la manière suivante :

Palais de l'industrie. . . . . 6,369 mètres carrés.
Grande galerie des machines. 6,305
Pavillon occidental de l'agriculture. 4.500

Cette surface correspond à environ 1 mètre carré par 61,000 hectares de territoire.

Le nombre des exposants a été de 900.

Au palais du Champ-de-Mars, en 1867, l'exposition anglaise occupait une surface de 37,219 mètres carrés, dont 23,580 dans le Palais; le nombre de ses exposants était de 6,077. L'exposition de la Grande-Bretagne, en 1867, a été, sous tous les rapports, incontestablement supérieure à celle de 1873.

Les produits agricoles étaient peu nombreux : les colonies seules en avaient exposé quelque peu, et encore d'assez médiocre importance. Le Cap, l'Australie, les Indes occidentales et la Guyane se sont fait connaître à Paris par leurs riches collections; ce qu'elles ont envoyé à Vienne n'en était qu'un pâle reflet; nous n'avons donc pas à nous y arrêter. Quant à la métropole, si elle a l'une des plus riches et plus florissantes agricultures du monde, elle n'a, il faut bien le reconnaître, nul besoin d'en exhiber les produits : non-seulement elle n'en exporte d'aucune sorte, mais elle ne suffit pas aux besoins de sa consommation intérieure; le tiers, sinon la moitié de sa population, se nourrit à l'aide de denrées tirées du dehors, et presque toutes les matières premières nécessaires à l'alimentation de ses usines sont achetées aux pays étrangers. Les Anglais n'ont pas

de fruits, ne font pas de vin, n'ont pas de mûriers pour élever des vers à
soie, ne fabriquent pas de sucre, ne cultivent pas de tabac; ils produisent
peu ou point de matières oléagineuses et tinctoriales, ils manufacturent
toute la laine de leurs troupeaux et toute la filasse de leurs cultures de
lin; ils n'ont plus de forêts, tous leurs bois de construction sont tirés du
dehors; ils n'ont donc rien à montrer : aussi leur exposition n'offrait-elle,
à Vienne, que quelques rares échantillons de produits agricoles; leurs belles
collections de lard, de jambons et de conserves alimentaires, qui sont pour
eux l'objet d'un commerce extérieur considérable, appartiennent à la classe
des denrées manufacturées.

Il s'y trouvait cependant quelques produits qui, malgré leur peu d'ap-
parence relative, n'étaient pas sans intérêt, non par eux-mêmes, mais à
cause de leur signification; ils caractérisaient, en effet, l'intensité de la culture de l'Angleterre et son état d'avancement : c'étaient, d'une part, des
graines de semences de céréales et de fourrages, et, de l'autre, des engrais,
les uns et les autres constituant pour la Grande-Bretagne un important
article d'exportation. L'agriculture anglaise ne s'est pas contentée de créer,
à l'aide du génie de Collins, de Bakewell, de Jonas Webb, d'Ellman, etc.,
ces races précieuses, ces merveilleuses machines animales qui, à l'avantage des formes, joignent le pouvoir de fabriquer dans un temps donné,
avec la même somme de fourrages, une plus grande quantité de viande,
de lait ou de laine, qui sont en quelque sorte aux races non améliorées
ce que les machines à vapeur d'aujourd'hui sont aux appareils d'autrefois;
avec un esprit de suite remarquable, elle s'est mise à la recherche, dans
chaque espèce de plantes cultivées, des variétés capables de lui fournir
aussi, toutes choses étant égales d'ailleurs, les plus grands rendements et
les produits de la meilleure qualité. Les Lawson, les Gibbs, les Hallett,
les Hope, etc., se sont mis à l'œuvre depuis de longues années, et, appli-
quant aux végétaux les méthodes qui avaient réussi à perfectionner les
races animales, ils sont parvenus à réaliser dans une certaine mesure la
plante-outil de la culture perfectionnée, c'est-à-dire la plante capable de
condenser dans ses tissus, sous la forme la plus utile à l'homme, la plus
grande masse des éléments de l'atmosphère. Ce progrès, qui est la conséquence forcée du développement et de l'intensité de la culture, puisque,
comme dans l'industrie, on ne peut faire un pas en avant qu'à condition
d'avoir un outillage de plus en plus amélioré, a permis à l'Angleterre de
devenir l'un des principaux centres de production de graines de semences
de toutes sortes. Le commerce qui en est résulté pour elle s'est étendu à
toutes les parties du monde, et se chiffre annuellement par plusieurs millions de francs dans le mouvement général des affaires : ses principaux

représentants n'ont pas manqué de profiter de la solennité du Prater pour tenter de se créer de nouveaux débouchés.

Les collections de MM. Sutton et fils, grainiers à Reading (Angleterre), et celles de MM. Carter, Dunnett et Beales, à Londres, étaient assurément les plus complètes et les plus intéressantes en ce genre; les grandes maisons James Gibbs et Cⁱᵉ, à Londres, Lawson et Cⁱᵉ, à Édimbourg, qui ont toujours été dirigées par des hommes unissant à une très-grande honorabilité un savoir considérable, figuraient aussi parmi les exposants; mais elles avaient fait peu de frais et s'en étaient évidemment rapportées à leur vieille et solide réputation. MM. Sutton et fils, d'une part, Carter, Dunnett et Beales, de l'autre, ne se sont pas contentés d'exposer des grains de choix et des semences potagères; à côté de l'outil végétal ils ont placé le produit, pour en faire voir le travail; quand ils n'ont pas montré le produit en nature, ils en ont donné l'image, ou mieux encore une représentation exacte au point de s'y méprendre, à l'aide de modèles faits de grandeur naturelle et ayant la forme, le poids et la coloration propres à chaque sorte de plante (choux, racines, légumes, etc.).

Dans les expositions qui durent longtemps, et dans les locaux où la température et l'humidité peuvent être considérables, des spécimens en mastic, en plâtre ou en carton, présentent des avantages réels, en ce qu'ils ne sont sujets à aucune détérioration, tandis que les produits naturels se fanent au bout d'un petit nombre de jours, ou entrent en décomposition et se couvrent de moisissures; mais ils ont l'inconvénient de laisser le public sous une impression de doute, celui-ci étant toujours disposé à croire qu'on a exagéré les formes et la grandeur des objets, pour agir plus vivement sur son imagination.

Parmi les échantillons exposés, nous devons une mention particulière à la nouvelle betterave globe jaune dite de *Sandrigham*, à la betterave longue mammouth, au turneps à collet rouge du même nom, au rutabaga impérial à collet rouge de Carter, toutes variétés très-productives et dont les sujets atteignent de fortes dimensions. Elles mériteraient assurément d'être introduites et essayées en France. Le prix des semences de ces diverses variétés de betterave était, au moment de l'exposition, de 1 franc à 1 fr. 50 le demi-kilogramme.

Les collections de pommes de terre étaient très-complètes : nous citerons, parmi les espèces les plus estimées, la *Dalmahon*, la pomme de terre *Régent d'Écosse*, la *Victoria* et la *Paterson*. Le prix du plant de ces dernières variétés était de 30 à 40 francs l'hectolitre, suivant le choix; la vitrine de M. Carter contenait, en outre, un spécimen de pommes de terre de forme ovale, très-grosses, à peau rouge clair, assez fine et désignée sous le nom de nouvelle pomme de terre d'Amérique. Cette sorte aurait l'avantage de donner de gros rendements, d'être de bonne qualité et de mieux résister que les espèces connues aux attaques de la maladie. Malgré tous ses mérites, nous n'en recommandons l'introduction qu'avec une extrême prudence. Il faut se méfier des variétés nouvelles et des végétaux exotiques, à moins qu'on ne soit parfaitement sûr de leur provenance. Dans ce cas particulier, nous avons à nous préserver de l'envahissement de la *Doryphora decem-lineata*, insecte parasite qui cause dans l'ouest et le centre des États-Unis la ruine des plantations de pommes de terre : nous savons ce qu'il en coûte d'introduire inconsidérément des plantes étrangères. La destruction de centaines de milliers d'hectares de vigne, due au *Phylloxera vastatrix*, est pour nous un triste enseignement; l'envahissement des prairies artificielles de la Styrie par le *Galinsoga parviflora* nous offre un autre exemple des inconvénients de l'introduction d'une espèce nouvelle, avant d'avoir préalablement bien étudié son mode de développement et de vie. Cette plante, originaire d'Amérique, a été apportée il y a quelques années d'abord en Hanovre, puis au jardin botanique de l'École polytechnique de Gratz; il a suffi d'un seul pied pour empoisonner, comme nous avons pu le constater, le pays d'une mauvaise herbe de plus, très-préjudiciable au trèfle et à la luzerne, et qu'il est extrêmement difficile d'extirper aujourd'hui.

L'*Elodea Canadensis*, introduit de la même façon, obstrue aujourd'hui tous les canaux et les rivières de l'Écosse, de la Hollande et de l'Allemagne, obligeant à de coûteux travaux de curage. Même quand il s'agit de plantes de collection ou d'étude, il est donc du devoir strict des importateurs de rechercher si l'une d'elles n'est pas un parasite ou n'en recèle pas un, de prendre toutes les précautions nécessaires pour mettre le pays à l'abri d'un ennemi nouveau.

Les semences de céréales exposées par les maisons anglaises ont été très-remarquées. Il serait, en effet, difficile de voir de plus beaux échantillons; mais aussi le prix en était élevé, comme l'est celui de toute machine perfectionnée.

Ainsi, on avait coté les semences de :

	Les 100 litres.
Froment talavera	50 francs.
Orge prolifique de Carter	40
Orge généalogique de Hallett	43
Orge Chevalier	42
Avoine tawny de Carter	36

L'avoine providence portait l'indication du même prix : mais aussi quelles semences !

Nous passons sous silence ce qui a rapport aux légumes. Les maisons anglaises se sont encore plus distinguées sous ce rapport, quoique cependant le climat de leur pays ne se prête pas à une aussi riche culture potagère que celui de la France ; mais on voit par là ce que peut la volonté de l'homme ayant à son aide une bonne méthode et une grande persévérance dans la poursuite d'une amélioration.

Les pâturages et les cultures fourragères jouent un trop grand rôle en Angleterre pour que les grainiers de ce pays n'aient pas cherché à réaliser les semences capables de leur fournir, dans chaque situation, les herbages les plus productifs et les plus nutritifs à la fois ; chaque plante qui entre dans la composition d'une prairie ou d'une pâture a donc été étudiée, analysée avec soin. On a déterminé les conditions de son développement par rapport au sol, au climat, à l'exposition et à l'altitude ; puis on l'a améliorée par voie de sélection et par une culture convenable. Cela fait, on a associé entre elles les plantes ayant les mêmes aptitudes, les mêmes besoins, arrivant à maturité en même temps ; on est parvenu ainsi à avoir du premier coup un pré ne renfermant que des végétaux utiles et donnant dès le début le maximum de rendement. Dans la Grande-Bretagne, on ne sème actuellement que des plantes connues et en proportions bien déterminées ; on ne s'en rapporte plus, comme on le fait encore trop souvent sur le continent par suite de l'emploi des fonds de grenier, au hasard pour le choix et le triage des plantes appropriées à chaque situation. La nature, abandonnée à elle-même, ne procède que lentement à l'élimination des herbes de qualité inférieure ou ne convenant pas parfaitement au sol ; deux ou trois ans se passent avant que la prairie soit bien prise, bien composée et donne un rendement satisfaisant et de bonne qualité. Nous devons toutefois déclarer, à l'honneur de notre pays, que les Vilmorin, depuis longtemps déjà, ont composé des mélanges de graines de prairie d'après les mêmes principes, et cherchent à en faire pénétrer la pratique dans les campagnes ; mais l'emploi de ces mélanges est encore restreint, tandis qu'il est général dans la Grande-Bretagne depuis plus de vingt ans. Nous trouvons dans le catalogue de M. Carter d'intéressantes indications sur les espèces et les doses de graines les plus recommandées en Angleterre pour la création des prairies naturelles dans les diverses sortes de terrain.

Nous les reproduisons à titre de renseignements :

Semences de graminées et de légumineuses à employer :

1° DANS LES TERRES FORTES.

DÉSIGNATION DES SEMENCES.	SOL ARGILEUX fertile.	SOL ARGILEUX pauvre.	SOL ARGILEUX sur les plateaux élevés.
	kil.	kil.	kil.
Anthoxanthum odoratum......................	1,120	1,120	1,120
Alopecurus pratensis........................	2,250	1,700	2,250
Arenatherum avenaceum.....................	"	1,150	2,240
Cynosurus cristatus.........................	"	2,240	3,360
Dactylis glomerata..........................	3,500	2,300	2,300
Festuca... { duriuscula......................	2,240	2,360	3,360
{ heterophylla.....................	2,240	2,240	3,360
{ elatior...........................	2,240	2,250	2,240
{ loliacea...........................	2,400	2,400	1,120
{ pratensis.........................	3,360	3,400	2,250
Lolium... { italicum........................	4,480	4,480	"
{ perenne.......................	4,480	4,480	9,900
Phleum pratense............................	3,400	2,300	2,250
Poa...... { nemoralis	2,300	3,350	3,400
{ trivialis.........................	"	2,250	2,300
{ pratense	4,500	4,500	3,350
Trifolium { repens........................	4,480	4,480	4,525
{ hybridum......................	1,130	"	1,120
Medicago lupulina..........................	3,400	4,400	4,400
Totaux par hectare..........	47,500	53,000	54,845
Prix par hectare..................	70 à 75 fr.	80 fr.	80 fr.

2° DANS LES SOLS DE CONSISTANCE MOYENNE.

DÉSIGNATION DES SEMENCES.	TERRAIN D'ALLUVION.	TERRAIN CALCAIRE.	LOAM ARGILO-SILICEUX provenant du grès rouge.
	kil.	kil.	kil.
Anthoxanthum odoratum	1,120	1,120	1,120
Alopecurus pratensis........................	3,360	2,500	2,240
Arenatherum avenaceum.....................	"	2,500	"
Trisetum flavescens.........................	"	2,240	"
Dactylis glomerata..........................	4,700	3,360	4,700
Festuca... { duriuscula......................	2,240	2,240	2,240
{ ovina..........................	2,000	3,000	2,240
{ loliacea	1,120	1,120	1,120
{ pratense	2,240	.	1,120
Lolium... { italicum........................	9,500	7,000	9,500
{ perenne.......................	5,000	7,000	4,000
Phleum pratense............................	4,700	2,500	3,500
Poa...... { nemoralis	1,120	2,240	1,120
{ trivialis.........................	1,120	2,240	"
{ pratense perenne.................	6,000	5,600	5,000
Trifolium { repens........................	3,360	4,500	4,000
{ hybridum......................	1,120	"	1,120
Medicago lupulina..........................	3,000	3,360	3,360
Totaux par hectare..........	51,700	53,520	46,280
Prix par hectare. { 1ʳᵉ qualité........	80 à 87 fr.	87 à 90 fr.	87 à 90 fr.
{ 2ᵉ qualité........	62 à 77 fr.	"	"

3ᵉ DANS LES TERRAINS LÉGERS.

DÉSIGNATION DES SEMENCES.	TERRAIN CRAYEUX.	TERRAIN CALCAIRE.	TERRAIN SABLONNEUX.
	kil.	kil.	kil.
Anthoxanthum odoratum	1,120	1,120	1,120
Alopecurus pratensis	2,240	2,240	2,240
Trisetum flavescens	2,240	2,800	//
Dactylis glomerata	2,240	2,240	//
Festuca... duriuscula	1,120	1,120	1,120
heterophylla	1,120	//	1,120
rubra	1,120	1,120	1,120
ovina	2,800	4,000	2,800
Lolium.. italicum	4,500	4,500	4,500
perenne	4,500	4,500	4,500
Poa nemoralis	1,120	1,120	//
Elymus arenarius	//	//	2,250
Cynosurus cristatus	2,250	2,250	3,400
Achillea millefolium	0,560	0,560	1,120
Medicago lupulina	3,900	4,500	5,000
Trifolium pratense	6,000	4,500	5,000
repens	2,250	3,360	2,250
hybridum	1,120	1,120	1,120
Poterium sanguisorba	//	//	3,370
Onobrychis sativa (sainfoin)	8,950	8,950	8,950
TOTAUX par hectare	50,150	50,000	51,000
Prix par hectare. 1ʳᵉ qualité	80 à 87 fr.	87 à 90 fr.	87 à 90 fr.
2ᵉ qualité	68 à 77 fr.	//	//

On ne s'en est pas tenu là en Angleterre; on a cherché et on est arrivé à trouver des formules de mélanges de graminées et de légumineuses capables de constituer, dans chaque situation et dans chacune des formations géologiques du pays, les pâturages les plus productifs.

Ces mélanges sont entrés dans la pratique courante, et les catalogues des grainiers en donnent tous les prix, qui varient de 60 à 90 francs par hectare.

Les soins apportés à la production des semences de prairies naturelles et de pâturages ont été donnés avec une persévérance non moins grande aux graines de trèfle, de luzerne, de sainfoin, de minette et autres légumineuses.

Les ray-grass ont surtout attiré l'attention des grainiers de la Grande-Bretagne, qui sont parvenus à en faire l'outil par excellence de la production fourragère.

A l'aide du ray-grass de M. Carter, un ingénieur, M. W. Hope, a créé, dans la ferme de Romford, à peu de distance de Londres, une véritable manufacture d'herbes, en utilisant les remarquables aptitudes

de cette plante pour l'assimilation, quand on la soumet à la pratique de
l'arrosage.

Les rendements réputés les plus considérables dans les prairies ordinaires ont été dépassés de beaucoup. Avec les eaux d'égout de Milan, employées à larges doses et sous le soleil de l'Italie. les marcites ou prés
naturels fournissent 60,000 kilogrammes de fourrage vert par an, et se
louent 500 francs par hectare ; sur les bords de la Tamise, avec le soleil de
l'Angleterre et son atmosphère brumeuse, sous un ciel pluvieux et avec
les eaux très-diluées des égouts de Londres, M. W. Hope est arrivé à obtenir un rendement de 200,000 kilogrammes de ray-grass vert par hectare ; il espère même dépasser ce chiffre et parvenir à une production de
250,000 kilogrammes. Plus au nord, à Édimbourg (Écosse), avec des
sables de mer naguère infertiles, des eaux d'égout et le ray-grass, on a
créé des herbages qui donnent 175,000 kilogrammes de fourrage vert
à l'hectare, et qui sont affermés 2,220 francs en moyenne par hectare et
par an...

L'Angleterre se montre, pour ce qui regarde l'emploi des engrais solides
et liquides produits dans les villes, la plus empressée des nations civilisées.
Depuis de longues années, le gouvernement, le parlement et les particuliers s'en occupent, et déjà bien des villes ont commencé à utiliser leurs
eaux d'égout, au grand avantage de la production agricole et de la salu-
brité publique. Au train dont vont les choses de l'autre côté du détroit,
on peut assurer qu'avant peu d'années il ne se perdra aucune parcelle
des matières fertilisantes, qui aujourd'hui sont une cause d'insalubrité et
d'encombrement pour les populations. La ville de Paris, de son côté, a
entrepris une œuvre semblable; il lui appartient de la compléter, de
l'achever et de donner le bon exemple aux autres cités. Reims déjà va la
suivre.

Non-seulement la Grande-Bretagne cherche à tirer parti de ses engrais
et des résidus de ses fabriques, elle reçoit encore du dehors d'énormes
quantités de substances fertilisantes qui viennent l'aider à accroître ses
fumures.

La plus grande partie du guano apporté en Europe est consommée par
son agriculture ; il en est de même des os de la Plata, du salpêtre du
Chili, du phosphate de la Norwége, de l'Estramadure et du Gers : partout on rencontre ses négociants en quête d'éléments nouveaux de fertilité, et ses navires courant les mers à la recherche de gisements de guano
susceptibles de remplacer ceux qui sont épuisés; aussi est-elle, de toutes
les contrées de l'Europe, celle qui consomme le plus d'engrais commerciaux.

D'après les documents officiels, le Royaume-Uni aurait importé en
1872 :

Os pour engrais.	100,000,000 kilogr.
Guano.	118,000,000
Déchets et chiffons de laine.	25,000,000
Phosphate de chaux, salpêtre et autres engrais minéraux.	132,000,000
TOTAL.	375,000,000 kilogr.

représentant une valeur de 70 à 80 millions de francs, et dont la presque
totalité est absorbée par l'agriculture du pays. Cette importation n'est pas
accidentelle, elle se reproduit annuellement depuis longtemps pour une
égale somme à peu près, en enrichissant ainsi sans relâche le sol de l'Angleterre.

En 1865, l'importation était déjà de :

Os.	65,642,000 kilogr.
Guano.	237,400,000
Engrais divers.	8,025,000
TOTAL.	311,067,000 kilogr.

d'une valeur de 72 millions environ. La consommation du guano a un
peu diminué, à cause de l'épuisement des meilleurs dépôts de cette substance, et probablement encore en raison de la concurrence des autres pays
d'Europe; mais il y a compensation à cette diminution par l'achat de quantités plus considérables d'autres engrais.

Ce n'est pas tout : la Grande-Bretagne a été le premier pays qui ait demandé aux couches profondes du sol des éléments de fertilité. Les géo-
logues avaient trouvé dans le Suffolk des bancs de nodules de phosphate
de chaux; le professeur Henslow eut l'idée de traiter ces nodules par des
acides pour les transformer en phosphates solubles et les rendre ainsi uti-
lisables comme engrais. M. Edward Packard, à Saxmundham (Suffolk),
appliqua industriellement le procédé du laboratoire : il a fondé, il y a
trente ans, la première usine de superphosphate de chaux, et a exposé à
Vienne un excellent modèle de sa fabrique.

Modeste à ses débuts, l'établissement de M. Packard prit bientôt de rapides développements. Aujourd'hui cet industriel est le plus grand fabricant d'engrais minéraux qui existe au monde. Son usine de Bramford
couvre 20,000 mètres de superficie; il en sort chaque année 100 millions

de kilogrammes de superphosphate de chaux et autres engrais manufacturés. En 1871, d'après les rapports de l'administration du dock, elle aurait fourni à 425 navires leur chargement complet, sans compter les nombreuses expéditions faites par voie de terre.

L'établissement de M. Packard présente l'aspect de toutes les manufactures de l'industrieuse Angleterre, l'aspect d'une cité pleine d'activité et de bruit, qu'enveloppe de ses nuages épais la fumée qui s'échappe des mille bouches de ses foyers. M. Packard fait lui-même l'acide sulfurique qui est nécessaire à sa fabrication; les pyrites qui lui servent à cet effet sont tirées d'Espagne; quand elles lui ont donné leur soufre sous forme d'acide, le résidu est expédié dans les districts du nord comme minerai de fer. Les nodules de phosphate sont broyés par de puissants moulins à vapeur; réduits en poudre impalpable, ils arrivent directement dans des réservoirs en communication avec dix-sept chambres de plomb où se produit l'acide sulfurique. A l'aide d'un robinet, on laisse couler sur cette poudre la quantité d'acide nécessaire pour la transformation totale du phosphate basique qui s'y trouve contenu en phosphate acide de chaux. Des agitateurs opèrent le mélange intime des deux substances et facilitent les réactions; la matière se présente alors sous la forme d'une pâte assez épaisse; au bout de peu de temps, la transformation du phosphate a eu lieu; à ce moment la matière est retirée du réservoir et portée mécaniquement au séchoir; elle est remplacée immédiatement dans les cuves par une nouvelle dose de poudre. 400,000 à 500,000 kilogrammes de phosphate sont ainsi broyés chaque semaine par quatorze paires de meules, et réduits ensuite à l'état de superphosphate. L'usine de M. Packard emploie quatre machines dont la force totale est de 240 chevaux-vapeur; ses ouvriers, tant pour l'extraction des matières premières que pour leur transformation, sont au nombre de 3,300. La production de l'usine de Bramford et de ses succursales représente une valeur de 5 millions de francs par an : pour sa fabrication, la maison Packard n'emploie que du phosphate dosant au moins 50 p. o/o de phosphate de chaux tribasique. Au-dessous de cette teneur, la matière dépense trop d'acide, exige trop de frais de transport et de main-d'œuvre pour être transformée économiquement en phosphate acide, la seule forme sous laquelle les cultivateurs anglais utilisent cette matière fertilisante.

M. Packard tire ses phosphates minéraux des comtés de Cambridge et de Suffolk. La France lui en fournit toutefois de grandes quantités depuis quelque temps. Les gisements découverts dans le Lot-et-Garonne, ces dernières années, sont exploités pour son compte presque en totalité. Cet industriel n'a pas manqué, pendant qu'on discutait chez nous sur la valeur de la découverte, de s'assurer la possession de ces riches dépôts, qui renferment à l'état brut de 75 à 83 p. o/o de phosphate tribasique pur : n'est-il pas regrettable de voir une telle ressource échapper à notre industrie pour aller se manufacturer en Angleterre à l'aide de pyrites venant elles-mêmes de dépôts situés en Espagne, à peu de distance de notre frontière pyrénéenne ?

La maison Packard et Cie, indépendamment de son usine de Bramford, a fondé diverses succursales à Wetzlar en Allemagne, à Ipswich en Angleterre, et à Villefranche en France ; ses produits sont très-honorablement connus, très-estimés et se vendent toujours sur analyse.

En raison de l'importance de la fabrication de M. Édouard Packard et des services rendus par cet industriel, le Jury du deuxième groupe lui a accordé à l'unanimité une médaille de progrès pour l'ensemble de son exhibition.

A côté de MM. Packard et Cie, nous trouvons bien d'autres fabricants d'engrais. Parmi les principaux, nous citerons MM. Gibbs et Cie, à Londres ; la Compagnie des engrais de Londres (*London Manure Company*), et MM. Lawson et Cie, à Édimbourg, les uns transformant des matières animales et des déchets d'abattoirs en engrais, les autres faisant, avec certains guanos et des sels minéraux, des phospho-guanos et autres mélanges titrés. Le nombre des usines de deuxième ordre qui fabriquent des engrais pour l'agriculture britannique est très-considérable : il s'en trouve près de tous les grands centres manufacturiers. On peut juger par là de l'intérêt que l'Angleterre attache à la question des engrais employés comme auxiliaires du fumier. Il n'y a pas de statistique qui permette d'apprécier exactement la consommation qui en est faite, mais on peut l'évaluer à 150 millions de francs, ce qui correspondrait à une dépense annuelle de 70 francs environ par hectare en exploitation. Notre agriculture est encore loin de faire un semblable usage des engrais complémentaires, et cependant, proportionnellement, nous produisons beaucoup moins de fumier que l'agriculture anglaise. Depuis quelques années, les cultivateurs français, mieux éclairés sur les effets des engrais commerciaux, ont réalisé sans doute de grands progrès sous ce rapport ; mais combien il leur reste encore à faire !

L'exposition anglaise des machines agricoles, qui s'offre maintenant à nous, était certainement la section qui a le plus attiré l'attention des visiteurs. Elle présentait, en effet, l'expression la plus complète de tous les progrès réalisés dans la mécanique agricole jusqu'à ce jour ; elle nous montrait, de plus, que les mécaniciens anglais savent admirablement se plier aux exigences du commerce, et, au lieu d'imposer aux pays où ils vendent du matériel l'outillage amélioré répondant aux conditions de l'agriculture anglaise, faire des instruments qui soient dans les convenances de leurs clients en raison de leur sol, de leur climat et de la main-d'œuvre dont ceux-ci disposent; ce qui ne les empêche pas de donner à ces appareils le soin et le fini ordinaires.

On pouvait voir au premier coup d'œil que la construction des instruments agricoles se trouve, dans la Grande-Bretagne, entre les mains d'ingénieurs instruits, consommés dans la pratique de leur art et parfaitement au courant des conditions que doivent remplir les divers outils de l'agriculture.

Toutes les grandes fabriques de l'Angleterre, et elles sont nombreuses, étaient représentées à l'Exposition de Vienne, comme elles l'avaient été à Paris, parce que le même intérêt les y appelait : toutes ont fait voir que, par les progrès réalisés dans leurs spécialités, chacune d'elles avait conservé son rang et s'était montrée digne de sa vieille réputation.

Les objets que renfermait cette exposition mériteraient, pour la plupart, d'être mentionnés; nous nous bornerons cependant à signaler ceux qui, à cause de leur importance et de leurs perfectionnements, ont mérité des récompenses.

La culture à la vapeur continue à être la grande question à l'ordre du jour en Angleterre; chaque année, le nombre de ses prosélytes augmente; 1,500 appareils de labourage à la vapeur fonctionnent dans la Grande-Bretagne. Il en existe un pareil nombre dans le reste de l'Europe. En France, la question gagne aussi du terrain; le triomphe de la culture à la vapeur paraît assuré dans les terres compactes et profondes, à culture difficile, exigeant de fréquents défoncements. En Allemagne, dans la région où l'on cultive la betterave à sucre, le nombre des appareils de ce genre ne laisse pas d'être déjà important. L'Autriche, la Hongrie, la Roumanie, la Russie surtout, ont commencé sur quelques points à faire entrer cet outillage dans la pratique des grandes exploitations. En Égypte, le vice-roi doit aux appareils à vapeur de MM. J. Howard d'avoir pu donner un grand développement à la culture du coton, et, par suite, un grand essor à la prospérité agricole de ce pays.

Les divers systèmes de labourage à la vapeur sont connus. Ils ont été décrits à différentes reprises; comme ils n'ont pas présenté de grands perfectionnements, nous ne reviendrons pas sur la description qui en a été faite.

La maison Ransomes continue à fabriquer avec son soin habituel l'appareil Fowler. Malheureusement, l'emploi de ce dernier système entraîne à des dépenses considérables; ses machines sont toujours d'un prix élevé, accessible seulement aux gros capitaux. La nécessité d'engager dans le prix d'acquisition une somme de 60 à 70,000 francs est une cause de faiblesse pour les entreprises en les grevant lourdement dès le début d'un gros intérêt et d'une dépense considérable à amortir. Ces machines, d'autre part, exigent de l'espace, de grandes pièces de terre; elles n'ont pas encore toute la mobilité désirable; leur poids est énorme et de nature à compromettre les ouvrages d'art qui existent sur le parcours des chemins vicinaux : de là des obstacles à leur extension.

M. James Howard, le chef de la célèbre usine de Bedford, auquel ses éminents services à l'agriculture ont valu un siége au Parlement britannique et quantité de récompenses dans toutes les grandes exhibitions, a cherché à résoudre ces difficultés. Il a construit un appareil de culture à la vapeur qui a l'avantage de ne pas présenter la plupart des inconvénients du système Fowler, tout en reposant, pour l'ensemble, exactement sur le même principe. Ce qui distingue son système, c'est le mode de transmission de la force : la disposition adoptée par M. J. Howard consiste à allonger le câble en acier qui donne le mouvement aux appareils de culture, tout autour du champ à cultiver, au moyen de poulies d'angle maintenues en place à l'aide d'ancres profondément enfoncées dans le sol. Jusqu'à l'année dernière, le point d'appui de la traction de l'instrument s'établissait au moyen d'ancres mobiles, qu'il fallait déplacer au fur et à mesure du parcours de la charrue.

Ce système avait contre lui d'exiger un grand déplacement de câbles d'acier; il en résultait une perte notable de force et d'argent, en raison du frottement ayant lieu sur une longueur de câble considérable. Mais le plus grand inconvénient de l'ancienne disposition était la main-d'œuvre nombreuse et coûteuse nécessaire à son fonctionnement. Il fallait, en effet, un homme à la machine, un homme au cabestan, un autre à l'instrument cultivateur et deux autres aux ancres, pour en faire la manœuvre, sans compter les enfants nécessaires pour changer de place les porteurs de câbles. D'un autre côté, le temps nécessaire à la fixation des poulies de transmission, au déplacement du câble, au creusement des trous pour les ancres de traction, était fort long et ajoutait aux frais du travail un appoint considérable. Avec le nouveau système, tous ces inconvénients disparaissent: les ancres mobiles, dont la manœuvre était si pénible, sont supprimées; le déplacement du point d'appui se fait automatiquement, sans qu'il y ait lieu de s'en occuper; l'ouvrier préposé à la manœuvre du cabestan n'est plus nécessaire; le mécanicien remplit son office, tout en conduisant sa machine avec l'attention et les soins voulus, de sorte qu'il ne faut plus qu'un homme sur la locomobile, un autre pour mener l'appareil de culture et deux garçons pour placer les porte-câbles. Trois hommes sont supprimés. Actuellement le cabestan fait en quelque sorte partie intégrante de la machine : le mouvement lui est donné par un arbre de transmission directe situé dans le prolongement de l'axe du volant ; au moyen d'une tige dont la poignée est à portée de sa main, le conducteur, à volonté, embraye ou débraye, renverse le mouvement, et par suite enroule ou déroule le câble. Le cabestan à double tambour est établi sur un bâti à roues que l'on fixe pour le travail au moyen d'entraves, comme on le fait pour les roues de toutes les locomobiles.

La deuxième disposition qui constitue le perfectionnement de l'appareil Howard consiste dans le remplacement des ancres mobiles par une pièce considérable désignée sous le nom d'*ancre automatique.* Cette pièce est composée d'un bâti en bois très-solide posé sur quatre roues ordinaires servant à son transport d'un lieu à un autre ; pour le travail, on enlève les roues et on les remplace par des disques tranchants en acier. Ces disques sont facilement enfoncés dans le sol jusqu'au moyeu, et offrent à la traction de l'appareil un point d'appui extrêmement fort ; à la face supérieure du bâti se trouvent deux poulies horizontales dans la gorge desquelles se meut le câble de traction ; l'un est libre et sert seulement de point d'appui pour transmettre la traction à l'instrument, l'autre sert à imprimer le mouvement de marche à l'ancre. A l'extrémité opposée du sillon se trouve une deuxième ancre automatique qui suit le mouvement de progression de la première, de sorte que l'instrument cultivateur fait la navette entre les deux points d'appui, comme cela se passerait avec deux locomobiles.

M. Howard a, en outre, perfectionné son cultivateur à pieds oscillants, à l'aide d'un petit avant-train à deux roues d'un grand diamètre, et d'un patin fixé au moyeu de l'une des grandes roues. L'appareil a plus de stabilité, est d'un mouvement plus facile ; à l'aide du patin faisant levier et sur lequel il peut pivoter, l'instrument sort de terre de lui-même à l'extrémité du sillon, et tourne sans demander d'effort de la part du conducteur.

Les nouveaux appareils de M. Howard exigent une seule machine de 8 à 10 chevaux de force, avec le cultivateur et trois hommes : ils permettent de défoncer en dix heures 3 à 4 hectares à 20 ou 25 centimètres de profondeur. Leur prix est de 22,500 francs, tout compris (cultivateur, charrue, machine à vapeur, câbles, ancres automatiques et autres accessoires) ; c'est là assurément un progrès dont notre pays pourra surtout profiter, à cause de la grande division de la propriété.

M. James Howard, grâce à ces perfectionnements, a de nouveau bien mérité de l'agriculture : c'est pour récompenser ses remarquables travaux,

non-seulement pour la question du labourage à la vapeur, mais pour tout
ce qui concerne les autres parties de l'outillage agricole, que le Jury de
Vienne lui a accordé la plus haute distinction dont il pouvait disposer, le
diplôme d'honneur.

Les *locomobiles routières* ont fait également quelques progrès; elles sont
devenues remarquablement maniables. — La machine présentée par
MM. Aveling et Porter, ingénieurs à Rochester (comté de Kent, en Angleterre), a manœuvré avec une extrême facilité devant le Jury; elle a
marché avec des vitesses variables, en obéissant à la main de son mécanicien aussi facilement que le cheval le plus docile à la bride de son cava-
lier : cette machine tourne aisément sur elle-même avec son fourgon dans
un rayon de 8 mètres. Les avantages des locomobiles sont connus : ils
consistent dans une grande économie sur les frais de transport des matières lourdes; il résulte, en effet, d'un rapport de M. Anderson, ingénieur
de l'arsenal de Woolwich, que le coût du transport journalier de 150 tonnes
sur un parcours de 16 kilomètres revient, avec des chevaux, à 130,000 fr.
par an, tandis qu'avec une locomobile routière il ne coûte que 50,000 francs
en moyenne pour une distance semblable. Le retour se faisant à vide, le
prix de revient par tonne et par kilomètre est de 15 à 16 centimes à la
vapeur, et de 28 à 30 centimes avec des chevaux. L'avantage est plus considérable quand le retour peut se faire avec la même charge; car, dans ce
cas, le prix descend à 8 centimes par kilomètre et par 1,000 kilogrammes,
tandis qu'il ne varie pas notablement pour les chevaux, puisqu'il faut en
augmenter le nombre et faire relai. Ces machines sont évidemment appelées
à rendre de grands services pour les transports des betteraves aux sucreries,
transports qui sont si difficiles, défonçant les chemins et ne permettant pas
souvent aux cultivateurs de faire à temps les travaux de culture, puisque
tous les attelages sont absorbés par le voiturage des racines. C'est aussi
par ces locomobiles que les petites localités seront appelées à jouir, dans
une certaine mesure, des avantages précieux que les chemins de fer pro-
curent aux centres de population qu'elles desservent : elles peuvent, en effet,
gravir les pentes de nos chemins ordinaires et tourner dans leurs courbes;
leur prix est très-abordable (14 à 15,000 francs pour une machine de
10 chevaux et 1,000 francs par cheval-vapeur de plus). Le Jury du
deuxième groupe, voulant reconnaître les services de MM. Aveling et Porter
dans cette question, leur a accordé un diplôme d'honneur.

Les *machines à vapeur* fixes et locomobiles semblent être arrivées à leur
perfection. Elles ne montrent plus que de légères améliorations. Toutes

celles qui ont été soumises à l'appréciation du Jury étaient remarquables par le fini de leur travail et l'excellente disposition de leurs organes.

Parmi ces machines, il y en a une qui, exhibée par MM. Ransomes, Head et Sims, à Ipswich (Angleterre), a présenté une innovation au moyen de laquelle on peut substituer la paille au combustible minéral et au bois pour la production de la vapeur. Depuis longtemps on cherchait, dans la Russie méridionale, où le bois manque et où la houille est d'un prix très-élevé, à utiliser la paille pour le chauffage des chaudières; tous les systèmes essayés avaient échoué; la paille se prend en masse quand on la jette sur la grille d'un foyer et se carbonise à la surface en ne donnant pas de flammes; on avait tenté d'en faire des briquettes; le même inconvénient s'était présenté. M. Schemioth, ingénieur russe, et M. Head, l'un des chefs les plus distingués de la maison Ransomes, sont parvenus à triompher de l'obstacle en inventant un système d'alimentation de la paille qui assure la combustion entière de celle-ci. A la porte du foyer de la machine à vapeur se trouve placée la boîte d'un véritable hache-paille avec ses deux rouleaux alimentaires; ces rouleaux, armés de dents, reçoivent le mouvement à l'aide d'une manivelle, tant que la machine n'est pas en pression, et, quand elle est en marche, à l'aide d'une courroie montée sur la roue motrice; la paille, amenée entre les rouleaux, arrive dans le foyer sous forme d'une mince nappe en éventail; chaque brin atteint par la flamme du foyer prend immédiatement feu et brûle en totalité, grâce au courant d'air énergique qui circule entre les barreaux de la grille. Un simple râteau qui reçoit un mouvement de va-et-vient empêche l'obstruction du foyer, en faisant tomber les cendres à mesure qu'elles se produisent; pour éviter toute chance d'incendie, un tuyau se raccordant à la pompe d'alimentation arrose les cendres, à mesure qu'elles tombent. Les expériences faites ont parfaitement réussi; elles ont prouvé qu'une machine de 12 chevaux alimentée de la sorte peut faire fonctionner régulièrement et sans arrêt, pendant une journée entière, une grande batteuse, sans baisse dans la pression de la chaudière (5 atmosphères). Le pouvoir calorifique de la paille dans une expérience aurait été égal au quart de celui du charbon de terre ordinaire; la combustion de 10 à 12 gerbes de paille a suffi, en moyenne, pour battre 100 gerbes de blé. La conduite de la machine n'exige pas plus d'hommes que dans les conditions ordinaires.

La locomobile de MM. Ransomes, Head et Sims permet avec tout autant de succès l'emploi, comme combustible, des roseaux, des tiges de maïs, de colza et autres matières analogues. L'appareil engreneur n'exige pas une construction spéciale; il peut être adapté à la bouche du foyer des machines, quelles qu'elles soient, fixes ou locomobiles, à détente variable ou non, pourvu qu'on rende l'accès de l'air facile et qu'on empêche l'obstruction de la grille par les cendres.

Cette invention n'a évidemment aucune valeur pour les pays où la paille trouve, soit dans l'exploitation même, soit dans le commerce, un emploi avantageux, et par suite coûte cher; mais elle est appelée à rendre de réels services dans certaines contrées, telles que la vallée du bas Danube, la Hongrie, la Russie méridionale, où la paille est sans valeur et une cause d'encombrement en raison de l'immensité des cultures de céréales qui s'y font et des difficultés du transport.

Ce n'est pas la seule innovation qu'ont présentée MM. Ransomes et Head; nous aurons plus loin l'occasion de revenir sur les nombreux progrès qu'ils ont fait faire à l'outillage agricole. Disons de suite, toutefois, que cette maison, l'une des plus anciennes et des plus honorables de la Grande-Bretagne, continue à bien mériter de l'agriculture, et a pu ajouter aux grands prix qui lui ont été accordés aux Expositions de Paris et de Londres le diplôme d'honneur de Vienne.

Parmi les autres machines à vapeur, nous signalerons celles de MM. Clayton et Shuttleworth, à Lincoln; Marshall Sons et Cⁱᵉ, à Gainsborough; Turner, à Ipswich; Robey et Cⁱᵉ, à Lincoln, et Wilsher et Cⁱᵉ, à Londres; toutes étaient remarquables.

Les améliorations introduites par ces constructeurs consistent, en général : 1° dans l'addition aux machines à vapeur d'un appareil perfectionné pour le chauffage de l'eau d'alimentation par la vapeur d'échappement; 2° dans l'application d'une enveloppe de vapeur autour du cylindre, pour y empêcher toute condensation; 3° dans l'établissement de tiroirs mobiles d'expansion ou d'excentriques qui permettent de régler l'admission de la vapeur de façon à donner toute la force dont la machine est capable, ou de la réduire, suivant les besoins, aux deux tiers, à la moitié ou même au quart, quand le travail à effectuer n'en demande pas davantage.

Toutes ces améliorations ont eu pour résultat de faire des machines fonctionnant plus régulièrement et ne dépensant de combustible qu'en raison du travail : la force se trouve produite plus économiquement, puisqu'on brûle moins de charbon. Ces appareils sont arrivés à ne plus dépenser qu'une quantité minime de combustible, et à travailler avec une réelle perfection; aussi leur construction exige-t-elle des soins très-minutieux et des ajustages d'une grande précision; mais, par contre, leur prix reste forcément élevé, et il a plutôt augmenté que diminué depuis 1867.

Les batteuses exposées étaient presque toutes des machines à grand travail, et constituaient assurément, avec les locomobiles, la partie la plus remarquable de l'Exposition agricole du Prater. Elles reçoivent la gerbe et livrent le grain parfaitement nettoyé, divisé, suivant la qualité, en trois ou quatre catégories distinctes, mises en sac séparément; il n'y a plus qu'à lier les sacs et à les porter au marché; d'un autre côté, la paille, au sortir du secoueur, est enlevée à l'aide d'un appareil qui est devenu une partie intégrante des grandes batteuses, transportée au grenier ou sur la meule à telle hauteur qu'il est nécessaire. Avec une force de 8 à 10 chevaux, ces machines permettent de battre de 300 à 400 kilogrammes de gerbes à la minute, et d'obtenir de 250 à 300 hectolitres de blé en une journée de dix heures.

Si, au point de vue du travail, ces ingénieuses machines étaient aussi complètes que possible, il y avait cependant un point sur lequel elles n'étaient pas tout à fait irréprochables : elles n'avaient pas toute la solidité désirable pour faire un long service. Exposées à des chocs violents et continus, à un mouvement de trépidation dont l'intensité croît avec l'accélération du travail, les grandes batteuses, par la force même des choses, se fatiguent beaucoup; les pièces de bois qui en forment la carcasse, chauffées puis refroidies, mouillées et desséchées alternativement, tendent sans cesse à se disjoindre; les organes disloqués cessent d'être ajustés convenablement; de là des réparations fréquentes, une usure considérable et une prompte mise hors de service. Ces inconvénients se produisent surtout dans les pays très-chauds, où le battage s'effectue en plein air sous les rayons d'un soleil brûlant, et où le transport des appareils se fait par de mauvais chemins.

Or ces machines sont d'un prix élevé : elles valent de 4,000 à 4,500 francs. Leurs réparations sont coûteuses; les chômages qui en résultent le sont encore plus quand, arrivant au milieu des opérations du battage, ils obligent à tout suspendre, souvent au seul moment propice [1].

Il y avait évidemment là un dernier problème à résoudre : il fallait trouver le moyen de donner à ces appareils une solidité telle, qu'ils fussent capables d'un long service et à l'épreuve des détériorations qui sont pour les agriculteurs une cause si fréquente de perte de temps et d'argent.

Les fabricants anglais l'ont abordé: les uns ont remplacé les principales pièces de bois de la charpente des grandes batteuses par du fer cornier ou à T; les autres ont consolidé le bâti de la machine par des armatures en fer.

L'une des machines qui a paru au Jury présenter la meilleure cons-

[1] Sur les bords du Danube, on a peu de temps après la moisson pour faire les battages; des pluies diluviennes arrivent fréquemment en automne. Si elles surviennent avant la fin des opérations, les pertes sont grandes, le battage se faisant en plein champ.

truction sous ce rapport est celle de MM. Robey et Cie, à Lincoln. Une armature en fer cornier renforce tout le système, et particulièrement les points exposés à être le plus fatigués et à subir les ébranlements les plus forts; toutes les pièces qui entrent dans sa fabrication sont des meilleurs matériaux et d'un fini complet; son prix est de 4,125 francs pour le grand modèle, d'une force de 10 chevaux.

M. Willsher, fabricant à Baintree (Essex), qui, après avoir été simple ouvrier ou contre-maître pendant trente années, est devenu le chef d'une usine importante, a consolidé ses machines à l'aide d'une bande de fer fixée contre chacune des parois de la batteuse. Ces bandes présentent trois courbures sur lesquelles s'appuient l'axe des deux roues de devant, celui du batteur et l'essieu des deux roues de derrière; fortement boulonnées contre les traverses de chaque paroi, ces bandes supportent, aux points où la fatigue est maximum, tout le poids de la machine, qui, à part cette amélioration, n'offre rien de remarquable; elle coûte 4,250 francs.

Dans les belles machines de MM. Clayton, la carcasse est en bois, mais le châssis est formé de pièces de chêne de premier choix, disposées et ajustées de façon que le poids du système et les chocs portent directement sur des pièces très-solides. Les constructeurs prétendent que de la sorte leurs machines offrent tout autant de résistance à l'ébranlement et s'usent moins vite qu'avec une armature en fer, en raison de l'élasticité du bois. Cette maison est la première qui ait construit les batteuses à grand travail; depuis plus de trente ans, elle en fait sa spécialité et en a vendu jusqu'à ce jour 10,800. Elle a obtenu à Vienne la première médaille de progrès.

MM. Hornsby ont cherché à consolider, sans les alourdir, les machines à battre, en faisant entrer dans leur construction des traverses et des montants en vieux chêne bouilli dans l'huile de lin. Cette préparation aurait pour effet d'accroître l'élasticité et la force du bois et de l'empêcher de travailler. Ces constructeurs ont été amenés, par les résultats déjà constatés, à remplacer les coussinets métalliques, partout où le mouvement est lent, par des coussinets en bois de chêne préparés de la même façon. L'usure et le frottement en seraient sensiblement amoindris.

La batteuse de MM. Ruston et Proctor présente un système de consolidation analogue à celui que MM. Robey ont adopté.

MM. Marshall et fils, à Gainsborough (Angleterre), ne se sont pas contentés de renforcer la leur à l'aide d'armatures ou de lames de fer; ils ont fabriqué une machine où le fer et la tôle ont complétement pris la place du bois. L'augmentation de poids qui en résulte est de 1,000 kilogrammes environ; elle pèse 4,500 kilogrammes. Cette construction est une exagération; la vérité se trouve dans une juste alliance du bois et du fer pour la confection de la carcasse de la machine. L'emploi unique du fer et de la fonte a le grave inconvénient d'alourdir beaucoup l'appareil; or les pays auxquels ces machines sont destinées n'ont pas précisément de bons chemins; les routes empierrées y sont rares; 1,000 kilogrammes de plus à traîner à travers les ornières, c'est quelque chose. Le perfectionnement de M. Robey est bien meilleur; le Jury en a jugé ainsi, et a trouvé préférable la machine ordinaire de M. Marshall à sa batteuse en fer; celle-ci, outre qu'elle est très-lourde, coûte 4,500 francs et exige 10 chevaux de force; tandis que la batteuse ordinaire de même dimension, capable de battre de 275 à 320 hectolitres de froment en dix heures, ne coûte que 2,700 francs. Cette dernière machine est bien connue en France et peut rivaliser avec les plus estimées du genre; elle a déjà valu à ses constructeurs la médaille d'or à l'Exposition universelle de Paris, et en 1873 elle a remporté la médaille de progrès.

Les autres perfectionnements dont les grandes batteuses ont été l'objet n'ont porté que sur des détails. Certains inventeurs ont donné plus de surface aux cribles, afin d'avoir un nettoyage plus complet. Le choix des matériaux a été mieux soigné; le bronze de canon a remplacé le cuivre dans la confection de la plupart des coussinets.

On doit citer encore la belle batteuse de Ransomes, déjà primée à l'Exposition universelle de Paris, comme présentant l'ensemble de tous les perfectionnements désirables. La même maison a encore montré une machine à battre des plus puissantes, qu'elle va fabriquer en vue de l'exportation; tous les organes du mécanisme y sont à découvert, afin de faciliter la surveillance et de permettre au conducteur de voir immédiatement ce qui empêche l'appareil de fonctionner. Le batteur a 1^m,50 de large et permet de livrer en sac près de 400 hectolitres de blé par jour moyen de travail. Tout à côté de cet échantillon figurait encore la grande batteuse construite par MM. Ransomes pour l'Espagne et le Mexique, qui donne le grain en sac et la paille broyée, toute prête à être mangée par les animaux, suivant la coutume de ces pays.

Les petites machines à battre étaient, dans l'exposition anglaise, en très-infime minorité; les constructeurs n'en fabriquent plus guère que pour l'exportation, et particulièrement pour les colonies et les Indes. Les manéges ont disparu des fermes de la Grande-Bretagne. Partout on n'y trouve plus que les engins puissants livrant d'un coup le grain en état d'être porté immédiatement au marché; on considère comme plus économique et plus avantageux à tous égards de battre très-rapidement la récolte et d'en réaliser le produit immédiatement après la moisson. L'agriculteur, l'expérience l'a prouvé, perd presque toujours à attendre, à différer ses battages et ses ventes dans l'espérance de cours plus élevés. Quand il réussit, ce qui n'est pas toujours le cas, il perd encore en réalité, par suite de déchets de toutes sortes causés par les insectes, les souris et l'humidité; de là, perte de l'intérêt de l'argent que représente la valeur du grain, diminution du poids du blé, risques d'incendie, etc.

En France, avec raison, on recherche aussi les grandes machines, et les entreprises de battage à la vapeur ont généralement réussi dans tous les départements où elles se sont créées. Les pays à culture de céréales, comme la Hongrie, l'Autriche, la Roumanie, le sud de la Russie, l'Australie, ont été amenés, par la nécessité de profiter du beau temps qui suit la moisson, à les adopter aussi.

Il s'ensuit que la fabrication des batteuses à manège est très-limitée en Angleterre. Nous n'avons à signaler dans cette catégorie que la machine de MM. Wallis et Stephens. Elle est d'ailleurs parfaitement établie, en bois, très-compacte, très-peu encombrante et d'un transport facile. Elle rappelle la machine Pinet, de la force de 2 à 3 chevaux, et coûte 1,000 francs.

Les appareils à nettoyer les grains, tarares, cribleurs, trieurs, etc., n'ont présenté rien de nouveau.

Le crible rotatoire de MM. Penney et Cie figurait déjà à l'Exposition universelle de Paris, où il a obtenu une médaille en argent. Il constitue actuellement en Angleterre l'accessoire obligé de toutes les bonnes machines à battre. Il peut s'ajuster en un instant au nettoyage des grains de toute espèce et de toute qualité; il se compose d'un tambour cylindrique à claire-voie, constitué par un fort fil de fer enroulé en hélice; les spires successives de ce fil se rattachent, par une soudure métallique, à celles de plusieurs ressorts à boudin enfilés sur des tiges de fer qui réunissent les deux bases du cylindre; l'arbre du tambour est creux et renferme une vis mue par une manivelle et pouvant éloigner ou rapprocher les deux bases du tambour; dans cette opération, les ressorts à boudin s'allongent ou se raccourcissent en entraînant avec eux les spires de l'hélice, de sorte que l'intervalle libre laissé entre les fils de fer est augmenté ou diminué suivant les besoins; une brosse extérieure ou un cylindre garni de crins maintient libres les intervalles du cylindre et permet le fonctionnement parfait de l'appareil. Le grain tombe d'une trémie dans l'intérieur du cylindre; celui-ci, en tournant sur son axe, l'entraîne et le livre nettoyé de toutes les impuretés qu'il renferme. Cet appareil est très-estimé en Russie, parce qu'il sépare très-bien le blé du seigle et permet ainsi de cultiver suivant l'usage du pays ces deux céréales ensemble.

Le trieur Penney, pouvant nettoyer 40 hectolitres à l'heure, coûte

425 francs. Plus de 7,000 instruments de ce genre ont été déjà fabriqués et vendus par cette maison, qui a obtenu à l'Exposition de Vienne une médaille de progrès. Tous les cribles anglais en sont des imitations.

Depuis longtemps déjà l'agriculture anglaise sème toutes ses céréales en lignes régulièrement espacées; elle réalise par ce moyen une économie de 70 millions de francs par an sur les frais de culture, car, au lieu d'employer 250 à 280 litres de semences de froment en moyenne par hectare, comme l'exige la pratique des semailles à la volée, elle n'en livre guère à la terre plus de 160 et même moins avec le semoir en lignes. Quoique déjà important, ce résultat n'est cependant pas le seul qui provienne de l'usage de la machine. L'expérience de tous les cultivateurs de l'autre côté de la Manche a démontré que les cultures faites en lignes résistent mieux aux intempéries, au froid, au chaud, à l'excès de sécheresse ou à l'excès d'humidité et aux accidents qui en proviennent, comme la verse, la rouille, l'échaudage, etc.; de plus, les céréales en lignes pouvant être sarclées, débarrassées des mauvaises herbes qui gênent la végétation, prennent un développement plus considérable et fournissent un grain plus abondant, mieux nourri et plus lourd. La résultante de ces effets multiples est de donner un accroissement de produit de 9 p. o/o au minimum; la plus-value de la récolte d'avoine et d'orge est au moins égale : c'est donc en tout pour la Grande-Bretagne un excédant net de 140 à 150 millions de francs, qui, réuni à l'économie de semence, constitue un bénéfice réel de 200 millions de francs pour les cultivateurs anglais et une épargne d'égale somme pour le pays, puisque celui-ci serait obligé, sans cette ressource, d'accroître d'autant le chiffre de ses importations, afin de suffire aux besoins de la consommation publique.

En présence de tels résultats, on ne saurait évidemment faire trop d'efforts pour amener en France le même progrès. Dans les plus mauvaises années, notre pays pourrait se suffire à lui-même au lieu d'avoir à verser périodiquement, comme nous le faisons, 200 ou 300 et 400 millions dans les coffres de l'étranger pour combler le déficit de ses récoltes. Dans les années ordinaires, la France arriverait aisément à pouvoir toujours exporter: elle y gagnerait d'autant plus qu'elle a l'Angleterre à sa porte ayant régulièrement besoin de 28 à 30 millions d'hectolitres de blé chaque année.

Les avantages du semoir ont frappé de bonne heure l'esprit pratique des Anglais; aussi cette machine a-t-elle exercé la sagacité et les recherches de leurs inventeurs depuis longtemps; elle a atteint un degré de perfection qui en fait un outil irréprochable et que le cultivateur peut acheter en pleine sécurité. Les semoirs le plus en usage sont construits de façon à pouvoir semer très-facilement, à des distances variables, toutes sortes de grains : ils peuvent semer les racines, les céréales, ainsi que les fourrages, le trèfle, la luzerne et la minette, qui gagnent aussi beaucoup à être mis en ligne à cause des facilités du nettoyage et du sarclage. Leur mécanisme, quelque compliqué qu'il paraisse au premier abord, est très-simple; la mobilité des pièces principales en contact avec le sol empêchant les ruptures et les détériorations, leur solidité est telle qu'elles ne se dérangent jamais; leur conduite et leur règlement sont d'une extrême simplicité, et l'ouvrier le plus ordinaire, qui en a dirigé une pendant quelques heures, en comprend le maniement aussi bien que le plus intelligent.

De grandes maisons ont, en Angleterre, la spécialité de la construction des semoirs; ce sont MM. James Smith et fils à Peasenhall (comté de Suffolk), Garrett et fils à Saxmundam (même comté), Hornsby et fils à Grantham, et James Coultas, qui fabriquent les appareils les plus renommés et ont toujours remporté les plus hautes récompenses accordées à ces machines dans les Expositions : ils n'ont présenté en 1873 que des perfectionnements de peu d'importance; M. Garrett a essayé, entre autres, d'obtenir une plus grande mobilité de ses tubes télescopiques, en donnant la forme sphérique à la partie supérieure du premier tube, à l'endroit où il s'emboîte avec le tube inférieur.

M. Reid, fabricant à Aberdeen (Écosse), a exposé un semoir pour céréales d'une grande simplicité. Le système ordinaire des cuillers est remplacé, aux distances voulues, par de petites hélices espacées convenablement les unes des autres.

Les semoirs pour toutes graines sont toujours chers : ceux de grandes dimensions pour quinze lignes valent de 1,400 à 1,500 francs; pour dix lignes, 800 francs; pour douze lignes, 1,000 francs; ils pourraient assurément se fabriquer à meilleur marché : ce haut prix est un obstacle à leur propagation; les semoirs simples pour céréales se vendent, avec quinze rangs, 780 francs. Quoique élevés, ces prix ne doivent pas être un obstacle à leur acquisition, puisqu'une machine bien conditionnée dure plus de vingt ans, n'exige que très-rarement des réparations et rapporte dix ou douze fois sa valeur pendant cette période de temps, rien qu'en économie de semence dans une exploitation de moyenne grandeur.... La dépense faite pour avoir un bon semoir peut donc, en tout état de cause, être considérée comme l'un des plus fructueux placements que puisse faire un cultivateur.

Nous ne mentionnerons enfin que pour mémoire les semoirs spéciaux pour betteraves, pour turneps et autres racines, qui, étant plus petits et d'une construction plus simple, coûtent moins cher; ils sont bien connus; nous n'avons pas à en faire la description.

M. James Coultas, à Grantham, a cherché de son côté la solution du
problème de la plantation mécanique des pommes de terre en ligne; la
machine qu'il a inventée dans ce but est simple : elle est composée d'un
cadre posé sur deux roues, servant de support en avant à une boîte dans
laquelle on met les pommes de terre; une chaîne à godet y puise un
à un sur son passage les plants qui s'y trouvent et les verse dans un tube;
en avant de l'extrémité inférieure de ce tube, il y a un corps de charrue
à deux versoirs, qui ouvre le sillon au fond duquel les pommes de terre
sont régulièrement déposées et recouvertes de terre à mesure que le semoir
avance.

La machine plante deux lignes à la fois; elle économiserait, d'après
l'inventeur, une certaine dépense de main-d'œuvre; on peut adapter à
l'appareil un réservoir à engrais pulvérulent, de façon à semer à la fois
les pommes de terre et la matière fertilisante. La machine complète à
deux rangs, avec distributeur d'engrais, est vendue 1,150 francs; sans cet
accessoire, elle coûte 900 francs. L'appareil exhibé répond-il à un besoin
réel? On peut en douter, en raison de la facilité que présente la plantation
à la charrue.

Un progrès plus pressant à réaliser, d'un intérêt plus immédiat, serait
la construction d'un semoir qui déposerait les graines de céréales en poquets régulièrement espacés dans tous les sens, car il en résulterait encore
une plus grande économie de semences; jusqu'à présent, cependant, les
constructeurs anglais s'en sont peu préoccupés, trouvant dans leur semoir
en ligne un appareil suffisant pour les besoins de la culture.

L'épandage uniforme des engrais pulvérulents dont l'Angleterre fait un
emploi si considérable est difficile à obtenir à la main, en raison de l'état
de la matière et des petites doses à distribuer au sol. Il était naturel que
les fabricants anglais cherchassent une machine en état de semer ces substances d'une façon régulière; ils ont parfaitement réussi; les distributeurs
de Chambers, de Smith, de Hornsby et de Garrett, sont des instruments
qui ne laissent rien à désirer sous ce rapport; aucun nouveau perfectionnement n'est à signaler dans leur construction.

Pour tirer tous les avantages possibles de la semaille des céréales en
ligne, il faut biner et sarcler les plantes, quand elles sont levées; le travail à la main est long et dispendieux. Les mécaniciens anglais ont construit une houe à cheval qui répond à ce besoin d'une façon très-écono-
mique; depuis lors, cet instrument est devenu en Angleterre l'accessoire
obligé du semoir dans toutes les fermes. Les céréales étant toutes régulièrement sarclées et binées, le sol est maintenu dans un grand état de
propreté. L'excellente houe de Garrett, qui permet de travailler sept lignes

à la fois ou 3 à 4 hectares par jour, a conservé à l'Exposition de Vienne sa supériorité; les houes de Hornsby, de Coultas et de Coleman méritent aussi une mention. Leur prix, suivant la grandeur, varie de 200 à 300 fr. La grande houe de Garrett pour dix lignes coûte 400 francs. Ce matériel a plutôt augmenté que baissé de prix, dans les dix dernières années.

Le principal progrès réalisé dans l'outillage de la culture des terres consiste dans l'emploi plus général des charrues doubles et des trisocs; on a recours à ces instruments pour obvier au manque croissant de bras et faire plus rapidement les deuxièmes et troisièmes labours : les bisocs, avec trois chevaux attelés de front, n'exigent qu'un homme; ils permettent donc d'exécuter le travail d'une charrue ordinaire en moitié moins de temps, avec moins de bras et un tiers en moins de chevaux; de plus, il n'y a qu'un sillon sur deux dont le fond soit foulé par le pied des animaux.

En côte, avec deux chevaux attelés à un bisoc, on peut labourer deux raies à la descente et n'en faire qu'une à la montée, en laissant glisser la première charrue dans le fond du sillon ouvert le dernier; on fait ainsi, avec la même dépense, un tiers de besogne en plus. Ces avantages ont paru assez considérables aux mécaniciens anglais pour leur faire rechercher des bisocs très-solides pouvant s'atteler avec trois chevaux de front, et assez maniables cependant pour qu'un homme suffise à leur conduite. Il était indispensable que le laboureur arrivé à l'extrémité du sillon fût en état de retirer de terre l'instrument et de le retourner pour le remettre en raie aussi rapidement et aussi facilement que s'il s'agissait d'un araire ordinaire. M. Jefferies, associé de la maison Ransome et Head, est parvenu à résoudre ce difficile problème par un simple arrangement de leviers agissant sur les roues de support dans les grands bisocs, et par l'addition d'une roue hémisphérique dans les charrues doubles pour terres faciles.

Les bisocs, grâce à ces perfectionnements, entrent de plus en plus dans la pratique de l'agriculture anglaise, et la fabrique de MM. Ransomes en vend beaucoup plus aujourd'hui que de charrues simples. D'après des autorités compétentes, sur une ferme de 120 hectares, trois hommes et neuf chevaux travaillant avec trois charrues bisocs feraient autant d'ouvrage que six hommes et douze chevaux avec six charrues simples; l'économie serait de trois hommes et de trois chevaux, équivalant à une épargne annuelle de 3,375 francs, ou de 28 francs par hectare.

Les grandes charrues bisocs de Jefferyes se vendent 250 francs, et les petites 140 francs. Elles peuvent se transformer aisément, par un simple changement de pièces, en charrues fouilleuses.

MM. Howard, si renommés pour leurs excellentes charrues, ont réalisé d'une manière aussi heureuse que M. Jefferyes de très-bons bisocs; celui de ces instruments qui porte le nom de *charrue Champion double* est d'une grande puissance et se vend 287 francs.

Les bisocs et polysocs ne sont pas une nouveauté pour notre pays; depuis longtemps on les connaît en France et on les emploie dans certaines contrées où les terres, comme par exemple en Champagne, sont de nature très-légère; mais leur usage était local, tandis qu'en Angleterre il s'est généralisé, même dans les fermes en terre forte. Ces instruments se propagent beaucoup en ce moment en Hongrie, en Valachie et dans le sud de la Russie, en raison de la rareté et du prix élevé de la main-d'œuvre.

Dans les pays de bonne culture, ils sont la conséquence du progrès agricole : leur emploi suppose, en effet, une terre bien ameublie, bien assainie, bien amendée, défoncée, fertilisée de longue main, et travaillée sans relâche; la résistance dans un sol mal cultivé, non défoncé, se durcissant sous l'influence de la sécheresse, ou collant au versoir en temps d'humidité comme de la terre à brique, exigerait 4 ou 5 chevaux de force et 2 ou 3 hommes, et on perdrait le bénéfice recherché. Dans les pays à culture extensive, on peut s'en servir parce que l'on se contente de gratter le sol à la surface. En France, les bisocs énergiques sont actuellement possibles dans bien des localités, à raison de l'excellent état auquel le sol a été amené.

Parmi les sous-soleuses, nous signalerons celle de MM. Ransomes (système Robinson). M. Horsky, l'un des cultivateurs les plus distingués et l'un des plus grands fabricants de sucre de la Bohême, s'en sert avec avantage pour toutes ses cultures de betteraves.

Dans la magnifique collection d'instruments aratoires de MM. Howard, on pouvait aussi remarquer une excellente charrue piocheuse (*digging plough*), qui est vendue 170 francs. Les Anglais la préfèrent à la charrue ordinaire, quand il s'agit de rompre un chaume, d'ameublir profondément le sol et de procéder aux façons de la jachère.

Les charrues bisocs et sous-soleuses de MM. Murray, fabricants à Banff (Écosse), méritent également une mention. Leur construction se rapproche de celle des charrues Ransomes, et leur prix est très-modéré. Le bisoc avec versoir et coutre en acier se vend de 250 à 300 francs, et la sous-soleuse 87 fr. 50 cent. comme celle de MM. Ransomes.

Il reste peu de chose à dire sur les autres instruments de l'agriculture anglaise : l'arracheuse de pommes de terre, système Coleman et Morton, qui se vend 400 francs, se répand assez peu; elle fonctionne d'une manière irréprochable, sans blesser un seul tubercule, mais c'est une véritable machine. La charrue arracheuse de pommes de terre de Howard est beaucoup plus recherchée; elle est plus simple, d'une manœuvre plus facile et surtout d'un prix très-modéré. Elle est aujourd'hui, dans la Grande-Bretagne, d'un usage général; on la connaît en France; son prix est de 137 francs avec tous les accessoires. L'arracheuse de pommes de terre est encore un de ces outils qui permettent d'enlever une récolte avec une grande rapidité et avec une grande économie de main-d'œuvre.

La herse en fer de Howard, les rouleaux Croskill de Ransomes, les hache-paille de Richmond et Chandler, les coupe-racines de Biddell, l'aplatisseur de grain de Turner, le scarificateur de Coleman et celui de Tennant, l'appareil à cuire les grains de Richmond et Chandler, etc., ont déjà paru dans les Expositions antérieures, où ils ont acquis leur réputation.

L'Angleterre s'est affranchie du tribut qu'elle payait encore il y a peu d'années aux États-Unis pour l'achat des machines destinées à faire la fauchaison et la moisson. Ses mécaniciens ont amélioré cette classe d'appareils au point de faire aujourd'hui une redoutable concurrence aux grandes usines de l'Amérique sur le marché européen. La fabrication des faucheuses et des moissonneuses entre les mains d'ingénieurs aussi habiles et aussi bien outillés que MM. Howard, Samuelson et Hornsby, a pris un très-grand développement. L'inégalité dans la lutte ne pouvait durer longtemps, d'autant plus que les constructeurs anglais, opérant pour un pays de grande culture et à gros capitaux, ont abandonné l'idée de faire des machines à deux fins, et ont pu réaliser une plus grande perfection dans la construction des moissonneuses. La machine Samuelson est déjà très-répandue en France; celle de Hornsby et celle de Howard la suivent de près. La moissonneuse Hornsby peut faucher à toutes les inclinaisons; ses pièces sont très-solidement faites et se détraquent rarement. La nouvelle machine à moissonner de MM. Howard s'est fait connaître à Grignon, où elle a battu les machines américaines. Mais les États-Unis ont encore la supériorité pour ce qui concerne les machines à faucher les prairies naturelles et artificielles, comme l'ont démontré en 1872 les essais de Langres, les premiers qui aient été faits en France méthodiquement avec le dynamomètre.

Les faneuses et les râteaux à cheval n'ont présenté rien de bien nouveau depuis 1867 : la faneuse Ashby et Jefferyes et celle de Nicholson sont toujours les plus recherchées; les faneuses de MM. Howard ont été remarquées par le Jury pour leur excellente construction. Nous n'avons pas à insister sur les avantages considérables que présente l'emploi de ces instruments. Ils sont connus de tout le monde. Ces appareils, qui fonctionnent depuis plus de trente ans en Angleterre avec le plus grand succès, commencent à entrer dans la pratique de l'agriculture française; ils sont

appréciés à leur juste valeur depuis qu'on sait qu'une bonne faneuse peut
aisément faire la besogne de quinze à vingt ouvriers, et permet au cultivateur de rentrer le soir, lorsque le temps est convenable, le produit d'une
prairie fauchée le matin, en sorte qu'il suffit d'un petit nombre de beaux
jours pour assurer contre toute avarie une récolte de foin.

Voici les prix des meilleures faneuses :

Faneuse Nicholson construite par Ransomes, ayant douze dents sur sa largeur et divisée en deux parties indépendantes...................................	428 francs.
Faneuse Howard, même nombre de dents, mais formant quatre séries de fourches indépendantes sur le même axe.	450 à 500
Faneuse de MM. Ashby et Jefferyes, mêmes dimensions, avec deux séries de fourches..................	400

Parmi les râteaux à cheval, nous citerons celui qui a été inventé en
1869 par M. Jefferyes et que construisent MM. Ransomes, Sims et Head.
Les dents de ce râteau sont formées de lames d'acier en forme de T; elles
sont longues et fines, et ont une courbure qui les empêche de pénétrer
dans le sol comme le ferait une herse et de salir les fourrages ou les
céréales râtelées; elles ont à la fois une grande solidité et une certaine
élasticité, ce qui les empêche de se déformer. Leur construction présente
aussi une amélioration sur celle des anciens râteaux : on peut enlever une
dent sans qu'il soit nécessaire de dévisser toutes les autres. Il en résulte
une grande facilité pour réparer ou remplacer les dents qui viennent à
être détériorées ou brisées : cette disposition permet encore de réduire de
moitié, quand cela est suffisant, le nombre des dents du râteau.

La manœuvre de ce râteau est très-facile; le levier est à portée du
conducteur quand celui-ci est à pied; s'il est monté sur un siége, il agit
sur une pédale. Le grand modèle a vingt-huit dents et se vend 216 francs:
avec un siége pour le conducteur, le prix en est de 267 francs, mais
cette addition ne semble guère utile.

En résumé, sans présenter beaucoup de nouveau, l'exposition des
machines agricoles de l'Angleterre n'a pas laissé d'être d'un grand intérêt.
Ce qui distingue la construction anglaise de celle de tous les autres pays,
les États-Unis exceptés, c'est le fini du travail et le parfait agencement
des organes d'une machine. Comme dans l'Amérique du Nord, les fabriques
de machines en Angleterre sont entre les mains de puissantes sociétés
dirigées par des ingénieurs de premier mérite; leurs ateliers sont organisés
comme ceux de la grande industrie métallurgique; ils sont immenses, et
renferment des milliers d'ouvriers habiles; ils sont munis des machines-

outils les plus perfectionnées, possèdent de puissants marteaux à vapeur et toutes les ressources mécaniques que la science et la pratique ont mises à la disposition de l'homme pour le travail facile des métaux les plus durs. On y pratique la division du travail comme dans les usines les mieux montées de Manchester ou de Birmingham; on y poursuit sans relâche le progrès; on ne s'arrête jamais, on ne se repose pas. Les Ransomes, les Howard, les Clayton, les Garrett, les Smith, les Hornsby, les Richmond, les Turner, étaient déjà connus au commencement de ce siècle; leurs débuts ont été modestes, mais chaque année, depuis plus de trente ans, a vu grandir leur renommée et l'importance de leur fabrication. Ils sont arrivés depuis longtemps à constituer de grandes maisons, et cependant ils sont toujours à l'œuvre, comme au premier jour; on les retrouve chaque année, fidèles à leur vieille tradition et présents à toutes les luttes pacifiques qui s'ouvrent sur un point quelconque du monde; ce sont les mêmes machines qui sont exhibées, mais chaque fois on peut y signaler quelque perfectionnement nouveau; c'est toujours le même esprit, la même âme qui dirige l'usine, celle-ci ne change jamais ni de nom ni de caractère. Les fils succèdent aux pères, les petits-fils aux fils, sans qu'on s'en aperçoive; les générations passent, mais la tradition, la bonne tradition reste, conservant chez les enfants les vertus des pères, leur amour pour la famille, leur ardeur pour le travail et leur zèle pour le progrès. Chaque maison est comme une ruche dans laquelle tous les efforts convergent vers un but commun : accroître sa prospérité et conserver intacte sa bonne réputation. Quand la ruche est trop pleine, que les affaires prennent de trop grandes proportions, un ou plusieurs enfants vont à l'étranger ou dans les colonies fonder, non pas un établissement rival, mais une succursale qui conservera au loin les idées et les mœurs de la maison mère.

On conçoit aisément la puissance d'une telle organisation et les progrès qui doivent en découler. Ils expliquent la supériorité de la construction des machines anglaises et la préférence que leur accordent les agriculteurs du monde entier. Déjà les maisons Ransomes, Clayton, Marshall et Howard ont dû remplacer leurs agences en Hongrie, en Autriche, dans la Russie méridionale, par de grandes fabriques; et cependant l'exportation de l'Angleterre en machines agricoles continue à grandir d'année en année : en 1865, elle représentait une valeur de 12,500,000 francs; en 1872, elle a atteint le chiffre de 19,500,000 francs, ce qui fait près de 10 p. o/o d'augmentation par an, et cela malgré les usines construites par les maisons anglaises à Vienne, à Pesth, à Odessa, à Moscou, en Égypte et dans les colonies : la construction des machines agricoles en Angleterre constitue donc une industrie dont la prospérité croît régulièrement.

7.

L'Angleterre a fait une très-ample moisson de récompenses à l'Exposition de Vienne, tout comme à Paris, pour son matériel agricole; vingt-neuf exposants sur quarante-cinq ont obtenu des prix, savoir :

Diplômes d'honneur............................... 4
Médailles de progrès.............................. 16
Médailles de mérite............................... 13
Mentions honorables.............................. 6

En 1867, les machines agricoles de la Grande-Bretagne avaient remporté, pour sept cent trente-deux exposants, soixante récompenses, dont trois grands prix, onze médailles d'or et vingt-cinq d'argent.

On voit par les considérations qui précèdent que la Grande-Bretagne est arrivée à appliquer, dans une mesure déjà très-notable, les données scientifiques que nous avons développées dans la première partie de ce travail. Non-seulement elle a augmenté la puissance d'assimilation de ses races et créé ces admirables types que tous les pays recherchent pour améliorer leurs animaux ; non-seulement elle est parvenue à produire des variétés améliorées de céréales et de fourrages, à créer l'outillage agricole le mieux approprié aux besoins d'une culture progressive ; elle a poursuivi encore la réalisation de toutes les conditions propres à favoriser dans le sol le travail de la plante-outil ; elle a drainé les terres humides, chaulé ou marné les sols compactes ; elle ne cesse d'accaparer les gisements de matières fertilisantes qui existent dans les couches profondes de son territoire ou sur un point quelconque du globe ; elle a dégagé la propriété des entraves qui, sous le nom de dîmes, de redevances, de droits et de servitudes seigneuriales, entravaient la liberté du cultivateur et empêchaient l'agriculture de prendre son essor ; elle a partagé ou supprimé les biens communaux, permis le rachat des enclaves et facilité, en la rendant obligatoire, la réunion des petites parcelles éparses et enchevêtrées les unes dans les autres. Quand l'initiative privée a été insuffisante, la loi est venue en aide aux particuliers ; c'est ainsi que le trésor public a avancé 100 millions de francs, remboursables à longue échéance, pour les travaux de drainage ; que le Parlement britannique a institué des inspecteurs chargés de présider aux améliorations de toutes sortes (desséchements, irrigations, drainage, construction de routes, de chemins, de bâtiments de ferme, effectués avec prêts sous la garantie de l'État); qu'il a fondé des commissions spéciales pour opérer le partage et la vente des biens communaux, le rachat des servitudes et des dîmes. La loi anglaise n'a pas craint, pour atteindre son but, de toucher au grand principe du droit de propriété; elle a forcé les propriétaires à subir son intervention, lorsqu'il s'est agi d'améliorations exigeant le concours d'un ensemble de particuliers. Dans ce pays de la liberté et du droit individuel par excellence, on n'a jamais hésité à faire céder le pas à l'intérêt privé partout où le bien public l'a demandé. C'est là de la liberté bien entendue et bien pratiquée.

Grâce à ces efforts, grâce à cette marche rationnelle dans la voie du progrès, l'Angleterre est arrivée à avoir l'une des populations les plus denses de l'Europe et la culture la plus productive. La population du Royaume-Uni dépasse aujourd'hui 32 millions d'habitants sur un territoire de 31,315,000 hectares. Si notre pays était aussi peuplé, il compterait 53 millions d'âmes, et cependant les îles Britanniques sont moins bien partagées que la France au point de vue du sol et du climat, comme M. de Lavergne l'a démontré dans ses remarquables Études sur l'économie rurale de l'Angleterre.

En 1700, la population du Royaume-Uni n'était que de 7,650,000 individus. Elle a mis cent ans à doubler pendant le siècle dernier, tandis qu'il ne lui a fallu que soixante-dix ans pour atteindre, de nos jours, le même résultat : en 1861, elle comptait 29,070,000 habitants; en 1871, nous en trouvons 31,628,000 ; c'est en dix ans un accroissement de 2,558,000 ou de 8,8 p. o/o.

Tous les États qui constituent le Royaume-Uni n'ont pas présenté toutefois, à beaucoup près, le même développement.

En Angleterre, le nombre des habitants s'est augmenté, de 1861 à 1871, à raison de 250,000 âmes par an ou de 1,33 p. o/o. C'est le pays qui a accompli le plus de progrès en agriculture. Il a 22,712,000 âmes sur une surface égale au quart du territoire de la France, et cependant l'accroissement que nous venons de signaler ne représente pas le chiffre réel du mouvement de la population de l'Angleterre, car de 1861 à 1871 ce pays a fourni 640,000 individus à l'émigration; sans cette cause d'affaiblissement, l'augmentation aurait été de près de 2 p. o/o par an.

Dans le pays de Galles, où les montagnes prédominent, où la culture arable occupe peu de place et où le sol est consacré pour les deux tiers aux pâturages, la population s'est accrue moins vite (0,93 p. o/o par an) pendant la dernière période décennale. L'Écosse a la moitié de son territoire condamné à l'état inculte et battu par de violentes tempêtes, mais le Sud possède une des plus florissantes agricultures; aussi, malgré une émigration de 158,000 individus de 1861 à 1871, le chiffre des existences a-t-il augmenté de 10 p. o/o pendant cette période. Dans les îles de la Manche, le nombre des habitants est resté à peu près stationnaire; les accroissements ont eu lieu, dans la première moitié de ce siècle, à raison de 1,50 à 1,96 p. o/o par an, mais, depuis 1851, ce mouvement s'est arrêté; la population y avait déjà atteint le chiffre de 90,500 âmes sur

15,000 hectares. Il semble difficile qu'il y ait sur un aussi petit territoire, cultivé comme un jardin, place pour un plus grand nombre d'individus. En Irlande il y a décroissance ; ce pays a payé chèrement la fatale erreur qu'il avait commise en divisant outre mesure son sol et en faisant dépendre le profit de la culture, comme la subsistance de la nation, du produit d'une seule plante, la pomme de terre. Les effets s'en faisaient déjà sentir avant la fatale maladie qui a amené l'exode; la population, qui jusque vers 1838 s'était accrue à raison de 1,5 p. o/o par an, ne présentait plus, dans les années suivantes, qu'une augmentation de 0,5 p. o/o. En 1840, l'Irlande était arrivée à avoir 8,175,000 âmes; mais, à partir de là, quelle décadence et quel désastre! La diminution de la population a marché à raison de 2 p. o/o par an; bientôt l'émigration s'en est mêlée et est venue activer le mouvement commencé par la famine : de 1850 à 1871, ce pays a envoyé aux deux nouveaux mondes 2,100.000 individus. Toutes ces causes réunies font que la population de l'Irlande, pendant les dix dernières années, a diminué à raison de 0,69 p. o/o par an : elle était réduite, en 1871, à 5,411,000 âmes. C'est en faisant prévaloir un bon système de culture, en émancipant la propriété et en la dégageant des servitudes qui l'étreignent, que le gouvernement britannique lutte contre cet effroyable mouvement, ou plutôt cherche à porter remède au mal.

Si l'on analyse la distribution de la population dans le Royaume-Uni, on constate qu'il s'y est produit des faits exactement analogues à ceux qui ont été constatés chez nous ; les villes grandissent démesurément; les bourgs deviennent des cités populeuses ; l'industrie, d'autre part, attire à elle, par l'appât bien souvent décevant des gros salaires, la partie la plus robuste de la population rurale ; les campagnes sont abandonnées et les travaux des champs délaissés.

Déjà, en 1861, la statistique avait constaté que le nombre de personnes attachées à la profession agricole avait diminué de 2 p. o/o depuis 1851. Cette décroissance, loin de se ralentir, a encore augmenté dans les douze années qui viennent de s'écouler : aujourd'hui la population agricole du Royaume-Uni est de 3,146,000 individus, correspondant à 10 p. o/o de la population totale, tandis que les professions commerciales y comptent pour 30 p. o/o au moins. De 1850 à 1861, cette dernière classe d'individus a gagné 6 p. o/o sur le chiffre de la population en bloc de la Grande-Bretagne ; c'est l'Angleterre, pays de Galles compris, qui présente relativement le moins d'individus engagés dans la profession agricole ; ceux-ci constituent 8 p. o/o du total de la population ; en Écosse, la proportion est de 10 p. o/o, et en Irlande de 18. D'après le cens de 1872, le nombre des cultivateurs exploitants et des ouvriers ruraux en France est très-voisin du chiffre indiqué pour l'Irlande; il est de 16,66 p. o/o ; en comptant les familles, la population rurale arrive à 52,7 p. o/o du nombre total des habitants. Il y a donc relativement deux fois plus d'agriculteurs en France qu'en Angleterre, et quatre fois plus d'individus attachés à l'agriculture.

En rapportant la population rurale à la surface cultivée, nous trouvons en Angleterre un cultivateur pour 5 hect. 60 ares cultivés, ou pour 3 hect. 40 ares en ne comptant que les terres arables. En Écosse, la proportion, en ce qui concerne les terres arables, est plus forte : il y a un agriculteur pour un peu plus de 4 hectares (4 hect. 20 ares); en Irlande, c'est l'inverse : il y a 2 hect. 20 ares pour une tête de la population rurale. En moyenne, dans tout le Royaume-Uni, on trouve un individu attaché à la profession agricole par 6 hectares exploités ; en ne prenant que les terres arables, un individu correspond à 3 hectares.

On conçoit combien, dans de telles conditions, est pressante la nécessité pour l'Angleterre, avec sa culture intensive, d'avoir un outillage perfectionné lui permettant avec un homme de faire la besogne de quatre.

Le fait de la raréfaction des bras dans la campagne n'est donc pas spécial à la France ; il est général, il se complique même en Angleterre du renchérissement des salaires, et, ce qui est plus grave, de la tendance chez les laboureurs à se mettre en grève : les ouvriers ruraux du Staffordshire, surexcités par des meneurs, en ont donné le premier signal ; le danger grossit, devient menaçant et s'accroît des miroitements que font luire aux yeux des ouvriers les agents d'émigration, auxquels il ne coûte rien de promettre aux travailleurs une vie pleine de facilité et d'abondance en Amérique ou en Australie, en échange de l'existence pénible et besogneuse qu'ils trouvent dans les fermes du vieux continent. La situation est très-inquiétante et autrement précaire que celle dans laquelle se trouvent les cultivateurs français : toutefois les Anglais, au lieu de se confondre en plaintes stériles, cherchent avec énergie un remède à ces difficultés ; ils se soumettront à la hausse des salaires et continueront, d'autre part, à améliorer leur outillage et la condition de leurs ouvriers.

La production du sol ne s'est pas développée dans le Royaume-Uni de la même façon que dans l'Amérique septentrionale. Le sol n'abonde pas en Angleterre; presque tout ce qui est exploitable a été mis en valeur : les forêts qui occupaient les terrains de qualité passable sont déjà tombées sous les coups de la coignée pour faire place à la prairie et aux céréales; les rochers de l'Écosse, du Cumberland et du pays de Galles ont eux-mêmes été disputés à l'inculte, et ont leurs flancs et leurs sommets, partout où la main de l'homme a trouvé une poignée de terre, garnis d'un manteau vert, soit de bois, soit de pâture. Les *bogs* de l'Irlande ont aussi en partie disparu; l'extension des cultures devient dès lors, dans ce pays, de plus en plus difficile et coûteuse; on ne l'obtient qu'au prix de grands efforts et de lourds sacrifices, car il n'y a plus à défricher que les mauvaises terres et les sols les plus rebelles. Cependant, comme les besoins de plus en plus pressants de la consommation et la hausse croissante de la valeur du terrain ne permettent plus de négliger une parcelle, ni de laisser improductif un seul coin de terre, les mises en valeur présentent toujours une certaine activité : de 1866 à 1873, il y a eu 1,088,500 hectares de terrains incultes ajoutés au sol cultivé du Royaume-Uni ; ce chiffre correspond à un accroissement moyen de 0,75 p. o/o de la surface exploitée par l'agriculture. Ce sont les pays de montagne, au climat âpre et rude, qui ont fourni le plus de défrichements; l'Écosse et le pays de Galles ont augmenté de la sorte leurs terres et leurs pâturages de 10 à 11 p. o/o pendant les huit dernières années; en Irlande, durant la même période de temps, le gain a été beaucoup moins important, il a été de 1 p. o/o seulement.

Une autre amélioration notable à signaler dans l'agriculture anglaise consiste dans la réduction de moitié de la surface abandonnée à la jachère chaque année; on ne la trouve plus que sur 1 et demi p. o/o du territoire occupé par les terres arables, les prés et les pâturages. Dans un pays à culture avancée comme l'Angleterre, il faut éviter toutefois de comparer seulement deux années ensemble, car la saison exerce une influence considérable sur le plus ou moins d'étendue de la jachère : quand une humidité excessive ne permet pas aux cultivateurs de préparer leurs terres, de les ensemencer dans des conditions convenables, force est bien de les laisser sans emblaves. C'est ce qui est arrivé dans ces deux dernières années, principalement dans les districts à sol compacte. L'existence d'une étendue plus grande de jachère en 1873 par rapport à 1872 n'indique donc pas un arrêt dans le progrès; elle est la preuve que la préparation des terres a été très-contrariée par le mauvais temps. Pour trouver la vérité, il faut examiner une période de temps suffisamment longue, afin d'en dégager nettement les faits; c'est ce qui rend facile la comparaison des surfaces consacrées à la jachère dans le Royaume-Uni, de 1866 à 1873.

En 1866, il y avait en jachère. . . . . 405,000 hectares.
En 1867. 385,500
En 1869. 307,500
En 1870. 254,500
En 1871. 228,600
En 1872. 269,500
En 1873. 293,000

D'après ces chiffres, le décroissement est manifeste et peut être évalué
à 125,000 hectares; c'est en Angleterre que la jachère est encore le plus
étendue; elle y occupe 2,5 p. o/o de la surface cultivée, ce qui s'explique
par la prédominance, dans une grande partie de cette contrée, des sols
argileux très-compactes et très-difficiles à cultiver.

En Écosse, où les terrains granitiques abondent et où la culture est
facile, la jachère n'occupe plus que 0,5 p. o/o du territoire cultivé; en
Irlande et dans les îles de la Manche, il n'y en a pour ainsi dire plus du
tout: ce sont les trèfles, le ray-grass, les prairies artificielles et la pomme
de terre qui ont profité de la réduction. Ils ont même empiété sur les
autres cultures, puisqu'ils ont gagné 370,000 hectares en dix ans : la
surface consacrée à la production des grains et des racines est restée à
peu près stationnaire; il y a plutôt tendance à la diminution; de même
ce ne sont pas les terres arables qui ont le plus gagné à la mise en valeur des terres incultes; la charrue n'a conquis que 203,000 hectares,
tandis que les prairies naturelles et les pâturages permanents se sont accrus
de 885,500 hectares. Actuellement les 18,956,500 hectares exploités par
les agriculteurs du Royaume-Uni comprennent :

Terres arables (jardins non compris). . . . .   9,446,000 hectares.
Prés naturels et pâturages.   9,439,000

Il y a presque exactement autant de prés que de terres arables; celles-
ci, à leur tour, se divisent à peu près par moitié entre les cultures fourragères et les grains; on y trouve en effet :

Fourrages annuels, prairies artificielles et racines . . . . .   4,530,000 hectares.
Céréales, féveroles et pois   4,615,000
Jachères.   291,000

Les trois quarts du sol cultivé se trouvent donc consacrés, dans les îles
Britanniques, à la production des fourrages; moins du quart est employé
à faire des céréales.

Cette prédominance des cultures fourragères, qui s'accentue de plus
en plus, est l'un des traits caractéristiques de l'agriculture anglaise.

En agissant comme ils le font, les cultivateurs obéissent à une loi naturelle et à une loi économique : ils emploient comme outil, pour la fabrication de la matière végétale, la plante qui, dans leurs conditions de sol
et de climat, est capable de condenser le maximum de produits utili-
sables; leur atmosphère toujours chargée des vapeurs de l'Océan, la chaleur tempérée qui règne presque toute l'année dans leurs campagnes, y

rendent la croissance de l'herbe et des racines fourragères très-luxuriante ; nulle plante ne se développe aussi bien à beaucoup près dans leurs terres que les graminées et les légumineuses des prairies ; avec raison ils en ont fait les outils de leur fabrique, dans les terrains bas, à sol argileux, très-fort, d'une culture difficile. Pour les terrains légers, ils ont encore cherché la plante capable, avec leur climat, d'utiliser au maximum les forces naturelles et les matériaux de l'atmosphère et du sol ; ils ont trouvé le turneps. Ils ont enfin adopté la culture des trèfles, du ray-grass et des vesces : ils n'ont pas été plus loin ; mais quelle persévérance et quels efforts pour amener les végétaux à un grand degré de perfection ! Nous en avons déjà parlé.

Comme conséquence, le système agricole des Anglais est très-simple : c'est incontestablement celui qui exige le moins de science et de savoir-faire ; on ne trouve dans les fermes britanniques, à peu d'exceptions près, ni féculerie, ni distillerie, ni huilerie, ni aucune autre industrie annexe. Le lin et le houblon sont pour ainsi dire les seules plantes industrielles qu'on y rencontre, et encore ces deux végétaux sont-ils peu répandus, puisqu'ils occupent à peine 100,000 hectares [1] ; la betterave à sucre, qu'on a essayé d'introduire en Angleterre, ne s'accommode pas aussi bien que le turneps de l'humidité de son climat et de ses brumes épaisses ; aussi sa culture recule-t-elle au lieu de progresser. La ferme anglaise est en réalité une manufacture de fourrages.

Ce ne sont pas toutefois les conditions naturelles qui seules ont déterminé les cultivateurs du Royaume-Uni à se spécialiser pour ce genre de production ; ce n'est pas non plus par esprit de système. D'autres circonstances ont influé sur leur détermination : c'est, d'une part, la rareté croissante des bras et la cherté de la main-d'œuvre qui rendent la culture arable de plus en plus difficile, et, de l'autre, le renchérissement de la viande, du lait et du beurre. Depuis le commencement de ce siècle, la valeur de la viande a augmenté de 80 p. 0/0 en Angleterre ; celle du beurre et du lait, de 100 p. 0/0 ; les salaires, d'autre part, ont haussé de 50 p. 0/0 ; le loyer des terres et des maisons, de 100 p. 0/0, tandis que le prix moyen du blé est resté à peu près stationnaire depuis 1770 ; s'il a haussé, c'est de quelques centièmes p. 0/0 seulement : il en est de même pour le seigle. Enfin la culture pastorale ou semi-pastorale est tellement simple, cause si peu de soucis et de mécomptes, qu'il est bien naturel que les cultivateurs, dans ces temps difficiles, sous la menace de grèves qui tendent à passer des ateliers des villes dans les champs des

---

[1] 65,000 hectares pour le lin et 28,000 hectares pour le houblon.

fermes, cherchent à réduire l'étendue de leurs terres arables et à augmenter considérablement l'importance de leurs herbages naturels; de
cette façon ils ont moins de peine, sont moins dans la dépendance des
ouvriers et moins encore à la merci de l'inclémence des saisons. De là
l'importance qu'ont attachée logiquement les Anglais au développement
du système pastoral ou semi-pastoral et au perfectionnement de la machine animale, c'est-à-dire des races chargées de transformer les fourrages
produits en denrées du prix le plus élevé.

La prédominance des cultures fourragères dans le Royaume-Uni n'est
donc pas le fait de l'adoption d'un système absolu, d'un assolement considéré comme le meilleur et applicable partout : elle est la résultante de
conditions multiples et très-diverses. Elle n'est pas davantage la cause des
progrès de l'agriculture britannique; l'origine de l'amélioration agricole
du Royaume-Uni tient à son climat, à l'augmentation de sa population, à
l'énorme développement de son industrie, à la puissance de ses capitaux,
au perfectionnement de son outillage et à l'emploi de masses considérables d'éléments de fertilité tirés du dehors. L'agriculture anglaise fabrique de la viande parce qu'elle ne pourrait rien faire de plus avantageux,
tout comme l'Australie fait de la laine et les États-Unis du coton.

Si la culture des céréales est restée à peu près stationnaire et n'a pas
profité de la mise en valeur des terrains improductifs, il s'est produit cependant certains faits qui indiquent un progrès réel. Les farineux alimentaires ont gagné en étendue, tandis que l'avoine a diminué, pendant les huit
dernières années; la surface consacrée au froment s'est accrue de 40,000
hectares environ, l'orge a gagné 60,000 hectares, mais l'avoine a perdu
plus de 100,000 hectares. Les fèves, les pois et les pommes de terre n'ont
pas varié sensiblement; les différences qui se remarquent d'une année à
l'autre proviennent des influences climatériques et des conditions du marché, qui ont permis de donner à chacune de ces cultures plus ou moins
de développement. Quant au seigle, cette céréale des pays arriérés et des
terres pauvres, il n'existe plus que de nom en Angleterre, puisque dans
tout le Royaume-Uni il s'en trouve 30,000 hectares à peine.

Voici les contenances occupées actuellement par les farineux alimentaires :

Froment . . . . 1,527,000 hectares.
Orge 1,042,000
Avoine 1,700,000
Pois et féveroles 465,000
Seigle 30,000
Pommes de terre 635,000

Le froment ne compte pas pour 1 p. o/o, et toutes les céréales réunies (pois compris) pour 2,4 p. o/o, dans la surface cultivée du Royaume-Uni; tandis qu'en France, sur 32 millions d'hectares en culture, nous avons plus de moitié en céréales, et le blé à lui seul occupe 7 millions 1/2 d'hectares.

Dans la Grande-Bretagne prise isolément, les proportions relatives des dernières cultures de grains ne sont pas tout à fait les mêmes que celles du Royaume-Uni considéré en bloc.

La céréale d'élite, le froment, possède la première place et occupe 37 p. o/o de la surface consacrée à la production des grains; le seigle n'y entre que pour 1 p. o/o, et l'avoine pour 28 p. o/o.

C'est en Écosse que le froment est le moins cultivé; il figure seulement pour 9 p. o/o dans la sole des grains; l'âpre climat du pays ne permet pas à cette céréale de mûrir dans les comtés du nord. En Irlande, le froment couvre 11 à 12 p. o/o de la surface emblavée de grains; en Angleterre, il en occupe près de la moitié, soit environ 44 p. o/o; mais ce sont surtout les îles de la Manche, et parmi elles Jersey, qui brillent dans la production du blé; cette céréale y compte pour plus de 82 p. o/o dans la sole des grains; l'avoine n'en occupe que 10 p. o/o. Mais quelle richesse et quelle population! C'est un jardin qui fait vivre 5 habitants par hectare.

En Irlande, l'avoine est, de tous les grains, le plus cultivé; elle embrasse 77 p. o/o de l'étendue affectée aux céréales; mais aussi l'Irlande se dépeuple. L'Écosse en a un peu moins, 71 p. o/o; ici c'est par nécessité; les trois quarts de ce pays ne peuvent produire une autre céréale; c'est la seule qui mûrisse au delà de la Dee; cette culture toutefois y reste stationnaire, tandis que le froment gagne du terrain dans les contrées du centre et au sud.

Dans la sole des racines et des fourrages verts, c'est, comme nous venons de le dire, le turneps, cette plante si admirablement appropriée au climat humide de la Grande-Bretagne, qui occupe la tête. A lui seul il occupe la moitié de la sole des fourrages annuels (trèfle non compris); on le cultive sur 1,060,000 hectares en moyenne chaque année; les betteraves pour le bétail ont gagné dans le sud, en dix ans, à peu près 30,000 hectares; on en fait aujourd'hui sur 145,000 hectares. Les betteraves à sucre ont perdu du terrain; en 1873, leur culture reste insignifiante. Les autres plantes, telles que les choux, les carottes, les vesces, les raves, sont à peu près stationnaires et embrassent en tout 300,000 hectares. Quant au trèfle et au ray-grass, qui associés forment la base des prairies temporaires faisant partie de l'assolement régulier, ils ont gagné 400,000 hectares pendant les huit dernières années; ils ont bénéficié de tout ce qui a été conquis sur la jachère et d'une partie de ce qui a été pris sur l'inculte, ou, plus exactement, la mise en valeur des terrains improductifs a permis de leur consacrer une plus grande étendue de terres prélevée sur celles qui étaient déjà en culture. La surface que les prairies temporaires occupent actuellement est de 2,545,000 hectares.

La pomme de terre, qui avait envahi l'Irlande, il y a trente ans, au point d'en exclure presque toutes les autres cultures, avait perdu presque toute son importance à la suite de la terrible maladie qui l'a frappée. Elle avait peu à peu disparu; depuis quinze ans, elle a repris du terrain; sa culture est redevenue lucrative au point que certains fermiers parviennent à payer leur fermage avec cette seule récolte; aujourd'hui la pomme de terre couvre en Irlande, année moyenne, de 370 à 400,000 hectares de superficie, et en Angleterre, de 120 à 130,000; c'est Jersey et Guernesey qui, relativement, en font le plus : le voisinage du marché de Londres explique le fait.

Toutes les cultures qui demandent beaucoup de main-d'œuvre sont en diminution : ainsi celle du lin, pour le développement de laquelle le gouvernement a donné les plus grands encouragements, et qui était arrivée, en 1866, à occuper 108,000 hectares, ne s'étend plus aujourd'hui que sur 63,500 hectares; en Angleterre, cette culture est devenue insignifiante, puisqu'elle ne compte plus que 6,000 à 7,000 hectares.

N'ayant plus de jachère à supprimer, n'ayant plus de terrain à conquérir sur la lande, et resserrés de toutes parts, les agriculteurs du Royaume-Uni ont demandé à la profondeur ce que la superficie ne pouvait plus leur donner : ils ont par le drainage, par des défoncements énergiques et par l'emploi des engrais du commerce, ajoutés aux fumiers de ferme, augmenté de moitié et, dans certains cas, doublé l'épaisseur de la couche arable. Avec plus d'espace pour se développer, plus de matière première à leur disposition, les végétaux ont été à même de puiser plus abondamment dans le grand réservoir des forces naturelles; la production s'en est accrue. Le résultat a été le même que si la surface cultivée avait été en réalité agrandie : l'Angleterre doit, de la sorte, au sens pratique de ses cultivateurs d'avoir, pour ainsi dire, étendu son territoire de plusieurs millions d'hectares. Elle a payé pour cela, indépendamment du travail de ses enfants, quelques centaines de millions à l'étranger pour ses achats de guano, de phosphate, de nitrate de soude, etc.; mais, à coup sûr, jamais elle n'a fait de conquête plus avantageuse et moins chère; conquête de la science, conquête de la civilisation, qui n'a coûté ni une goutte de sang ni une larme de douleur...

D'après Mac Culloch, l'augmentation de rendement obtenue dans la

culture du blé de 1770 à 1845 aurait été de 14 p. o/o. Depuis cette dernière époque, il n'a pas fallu plus de trente ans pour réaliser une amélioration presque égale, grâce au perfectionnement de l'outillage et de la pratique agricole éclairée et stimulée par les travaux de MM. Dumas. Boussingault, Chevreul, Payen, Liebig, Stœckhard, Gilbert, Thomas Way, Lawes, etc., dont les remarquables découvertes peuvent être considérées comme le point de départ de la renaissance de l'art agricole.

Le rendement moyen du froment n'est pas moindre actuellement, dans le Royaume-Uni, de 26 hectolitres par hectare; il y a dix ans il était de 24 hectolitres; pour l'orge, il est de 34 hectolitres; pour l'avoine, de 40; pour les fèves et les pois, de 27; pour les pommes de terre, de 144 : en dix ans le rendement moyen de chacune de ces cultures a monté de 10 p. o/o. La production seule ne s'est pas accrue; il y a eu un autre progrès réalisé : la qualité du grain s'est améliorée, sa valeur nutritive a augmenté, l'hectolitre pèse plus qu'il y a quinze ans; le poids du froment, de 76 kilogrammes les 100 litres, est monté à 79 et même à 80 kilogrammes et plus. D'après ces données, le Royaume-Uni, sur une surface de 5,250,000 hectares, produirait année moyenne :

Froment	39,600,000 hectol.
Orge	35,330,000
Seigle	1,300,000
Avoine	69,000,000
Pois et fèves	10,600,000
Pommes de terre	91,500,000
TOTAL	247,330,000

Cette production représenterait une valeur de 2,155,860,000 francs, 406 francs par hectare.

La France, sur une surface presque quadruple, ne récolte, dans une année très-favorable, que 420 millions d'hectolitres de froment, seigle, maïs, millet, sarrasin, orge, avoine, pois, lentilles, fèves, pommes de terre, d'une valeur de 4 milliards et demi de francs. Sur 1,527,000 hectares, le Royaume-Uni produit 37 millions d'hectolitres de froment (semences déduites), et la France seulement 85 en année moyenne sur 7,400,000 hectares; de plus, notre pays emploie 15 millions d'hectolitres de semences, tandis que les cultivateurs anglais n'en répandent que 2 millions avec leurs semoirs. La France produirait 179 millions d'hectolitres de froment, semences déduites, si la production était à surface égale la même que celle du Royaume-Uni. Ces chiffres montrent combien est grande la marge qui s'offre à l'agriculture française pour le progrès, et qu'il n'y a guère lieu de redouter l'avenir pour nous; mais quels progrès n'avons-nous pas à réaliser!

Si des grains nous passons aux fourrages, nous trouvons des faits non moins dignes de remarque. La production s'est accrue, dans le Royaume-Uni, non-seulement de la plus-value obtenue dans le rendement de chaque culture, mais encore de l'addition de 1,255,000 hectares de terres auparavant improductives. Ces terres fournissent en fourrages l'équivalent de 4 milliards et demi de kilogrammes de foin, valant 400 millions. L'accroissement dû à l'amélioration du rendement donne, d'autre part, une deuxième augmentation de 3 milliards de kilogrammes de fourrage. La production totale des 13,361,000 hectares consacrés à la culture des fourrages, racines, prairies naturelles et artificielles et pâturages, doit être équivalente à 60 milliards de kilogrammes de foin, d'une valeur de 4 milliards 500 millions de francs, donnant ainsi un produit brut moyen de 335 francs par hectare de fourrages, prés et pâtures.

En France, les cultures fourragères, en y comprenant les betteraves à sucre, les prairies et les pâtures (14,900,000 hectares), arrivent à 2 milliards à peine. Cette infériorité s'explique par la raison que les prés et les pâturages des îles Britanniques valent nos meilleures prairies, tandis que la statistique française comprend sous le nom de pâtures, dans la plus grande partie de nos départements, des terrains pauvres, secs, abandonnés à eux-mêmes et très-peu productifs.

En réunissant les grains, les fourrages et les autres produits de la culture, on trouve que la production végétale de l'agriculture anglaise monte à 7 milliards de francs ou à 372 francs par hectare cultivé, et à 2,250 francs par individu attaché à la profession agricole.

En France, sur 31,700,000 hectares en culture, nous réalisons 6 milliards 420 millions de francs en grains, fourrages, lin, tabac, etc.! Heureusement, notre climat nous donne des compensations; la vigne nous fournit, sur 2,321,000 hectares, une valeur annuelle de 1,400 millions de francs, auxquels s'ajoutent les fruits et les légumes de nos jardins, de telle sorte que la production végétale en France doit approcher de 8 milliards 580 millions, ou de 215 francs par hectare cultivé et de 1,430 fr. par agriculteur; chiffres encore inférieurs à ceux de l'agriculture anglaise.

Mais peu de fourrages sont vendus, la plus grande masse est consommée dans l'intérieur des fermes; une dernière question reste donc à examiner, c'est celle du parti que savent en tirer les agriculteurs anglais. Ceci conduit à faire l'étude du bétail et de son développement.

Le cheval est un animal de travail; la jument reproductrice elle-même

laboure et participe à l'exécution de tous les ouvrages de l'exploitation;
son poulain vient atténuer le prix de ce concours; il est souvent une
source de profits importants; mais, en tout cas, il est peu de juments de
ferme qui restent sans rien faire. L'effectif des chevaux agricoles est donc
subordonné, dans les pays de culture intensive, à la somme du travail exigé
par les besoins de l'exploitation. Comme la surface des terres arables depuis 1866 s'est accrue de 203,000 hectares seulement, il s'ensuit que le
besoin de travail n'a pas augmenté dans une très-grande proportion; la
statistique de 1873 indique que l'effectif des chevaux agricoles s'est accru,
en Angleterre, de 18,000 têtes. Ce chiffre correspond à un cheval pour
11 hectares livrés à la culture. Le nombre actuel des chevaux de travail dans le Royaume-Uni est de 1,818,000 animaux, ce qui fait un attelage de deux chevaux pour 20 hectares exploités (terres et prés).

Les cultivateurs anglais emploient relativement autant de chevaux que
nous pour leurs fermes, mais c'est là une égalité apparente, car dans une
bonne moitié de la France on ne cultive qu'avec des bœufs; d'où il suit
qu'en réalité notre agriculture, à surface égale, possède plus d'animaux de
travail; elle en a 1 pour moins de 9 hectares. Le Royaume-Uni a encore
proportionnellement moins d'animaux de trait que les États-Unis, quoique
la culture intensive exige une somme de travail bien plus considérable que
le système extensif. Ces chiffres sont une preuve de la supériorité de la
ferme anglaise au point de vue de l'organisation du travail et des services.

Pour l'agriculteur du Royaume-Uni, le cheval est un moteur qui dépense continuellement, qui coûte beaucoup à entretenir, et qui, arrivé à
l'âge adulte, va toujours en se détériorant; or son intérêt, de même que
celui de l'industriel, est de dépenser le moins de force possible, ou mieux
de tirer le maximum d'effet utile de ses moteurs, de façon à grever le
moins ses frais de production. Pour cela il doit faire avec le minimum
d'animaux de trait les travaux qu'exige son exploitation, puisqu'en avoir
plus ce serait imiter l'industriel qui, pouvant faire face à tous les besoins
de son usine avec une machine de 50 chevaux-vapeur, en aurait une
de 60. De même encore le cultivateur anglais a recherché la machine
animale la mieux organisée pour produire la force à bon marché, comme
l'industriel cherche la locomobile qui, pour fournir le travail d'un cheval,
consomme le moins de charbon : de là le perfectionnement du cheval de la
culture auquel se sont attachés les éleveurs anglais; de là encore l'amélioration de tout l'outillage de ferme, de façon à réduire la résistance et le frottement, l'introduction de la vapeur pour les défoncements et le battage,
la propagation des bonnes charrues et la multiplication des bisocs dans
les fermes. Tous ces efforts réunis ont permis à l'agriculteur anglais de

faire, avec moins de bêtes de trait que nous ne le faisons, les opérations de la culture, tout en faisant plus de poulains, et de réaliser par suite une économie importante sur les frais de production, puisqu'un cheval de travail en moins représente, dans une ferme, une épargne de 1,000 francs par an au moins.

En agriculture, le gaspillage des forces, l'excès du nombre des animaux de travail en sus du strict nécessaire, ont de bien plus graves conséquences que dans les autres branches de l'industrie humaine. Dans une manufacture, avec une machine d'un rendement utile inférieur, qui consomme 3 ou 4 kilogr. de charbon par cheval et par heure au lieu de 2 kilogr., ou qui fournit une force en excédant de ce qu'il faudrait pour produire le même effet utile avec une bonne organisation, la perte se traduit par la consommation d'un certain nombre de tonnes de charbon en plus; mais, en agriculture, pour un cheval qui ne produit pas de poulains et dont le travail s'emploie sans utilité réelle, il y a non-seulement consommation de denrées en pure perte, mais encore privation du gain qui proviendrait de la transformation de ces mêmes denrées en lait, en laine ou en viande, par l'intermédiaire d'une bête de rente.

En France, le tirage des charrues et des autres instruments de culture et les transports consomment approximativement 525 millions de journées de chevaux et mulets, 675 millions de journées de bœufs et vaches de travail. C'est en tout 1,200 millions de journées de travail, sans compter celles qui sont perdues[1]. Ces journées représentent une dépense de 2,800 millions de francs pour l'agriculture; un vingtième seulement de réduction sur ce nombre, à l'aide d'une meilleure utilisation des forces disponibles, ce qui ne serait nullement difficile, produirait une épargne de 60 millions de journées valant 140 millions de francs, et permettrait de tenir un plus grand nombre de juments poulinières.

Ces chiffres suffisent pour montrer combien est importante la question du travail, et combien elle mérite de fixer l'attention des cultivateurs français[2].

Pour le *bétail de rente*, qui comprend tous les animaux domestiques dont la destination est de transformer les fourrages en produits vendables, tels que laine, lait, viande, lard, élèves, etc., il faut en avoir le plus possible, ou mieux autant qu'on en peut parfaitement nourrir, car c'est un principe admis que les animaux mal nourris produisent peu et chèrement, comme les machines insuffisamment alimentées et mal conduites;

---

[1] Le nombre des chevaux de travail peut être évalué à 2,500,000 en France. En comptant dans une année moyenne 270 journées de travail, le nombre de journées de travail correspondant à cet effectif serait de 675 millions.

[2] La France est l'un des pays qui, relativement au nombre de ses juments, produit le moins de poulains.

8

les accroissements d'effectif de ces bestiaux constituent donc un moyen certain d'apprécier le progrès de la culture d'un pays.

Il y a dix ans, le Royaume-Uni possédait en tout 8,500,000 bêtes bovines; en 1865-66, le typhus contagieux vint surprendre l'Angleterre; faute d'une loi et de mesures énergiques prises immédiatement, 240.000 bêtes succombèrent au fléau ou furent abattues; l'élevage subit le contre-coup de ce véritable désastre et fut enrayé. La maladie ayant disparu, l'agriculture anglaise fit de grands efforts pour réparer ses pertes; en 1869, le déficit causé par l'épizootie était comblé, et l'effectif de 1863 était dépassé de 500,000 têtes; il avait atteint le chiffre de 9,078,000 animaux. Depuis lors, la population bovine a suivi un mouvement ascensionnel continu et à peu près régulier.

En 1870, elle était montée à . . . .   9,235,000 têtes.
En 1871, à   9,346,000
En 1872, à   9,719,000
En 1873, à   10,153,670

En dix ans, l'augmentation a été de 1,585.000 bêtes bovines, ou de 1,8 p. o/o par an; c'est le double du chiffre de l'accroissement de la population humaine.

L'effectif actuel du gros bétail correspond à 525 têtes par 1,000 hectares exploités : c'est 200 bêtes de plus, à surface égale, que les États-Unis. Ce chiffre ne donne pas encore la mesure de toute la supériorité de l'agriculture britannique : il y aurait, en sus du nombre, à tenir compte du poids et de la valeur de chaque tête de bétail; il est incontestable que chaque bête bovine, dans le Royaume-Uni, pèse bien en moyenne un tiers de plus que celle des États de l'Amérique septentrionale, et vaut le double, sinon plus.

En France, l'agriculture possède 390 têtes de gros bétail par 1,000 hectares cultivés : c'est 145 de moins que l'Angleterre; le climat, à vrai dire. n'est pas aussi favorable pour la production du bétail chez nous que chez nos voisins d'outre-Manche. De grands progrès ont déjà été réalisés par nos éleveurs, il leur en reste beaucoup d'autres à faire; il ne faut pas toutefois se le dissimuler, nous n'aurons jamais les plantureux herbages de l'Irlande et de la Grande-Bretagne, mais, ainsi que nous l'avons déjà dit, nous avons d'autres compensations.

L'espèce ovine, dans le Royaume-Uni, ne s'est pas comportée comme le gros bétail : au lieu d'une augmentation dans l'effectif des troupeaux, nous trouvons une diminution. M. de Lavergne évaluait, en 1860, à 35 millions le nombre de moutons existant dans le Royaume-Uni.

En 1869, la statistique n'en indiquait plus que...... 34,250,000
En 1870.................................. 32,786,000
En 1871.................................. 31,463,000

L'effectif des troupeaux, en dix ans, aurait donc diminué de 3,500,000 bêtes; toutefois, dans les deux dernières années, il s'est un peu relevé; il est remonté à 32 millions d'animaux en 1872, grâce à la saison qui a été très-favorable, et à 33,982,000 en 1873. Il reste néanmoins encore un déficit, sur le chiffre de 1860, de plus de 1 million de têtes.

C'est en Angleterre, le pays de la culture la plus intensive, que le nombre de moutons a le plus diminué, tandis que c'est celui où le gros bétail a le plus augmenté.

En 1860, il s'y trouvait.................. 23,500,000 bêtes à laine.
En 1869, il n'y en avait plus que............ 19,800,000
En 1870.................................. 18,950,000
En 1871.................................. 17,500,000
En 1872.................................. 17,900,000
En 1873.................................. 19,000,000

Les circonstances très-propices à l'élevage pendant les années 1872 et 1873 ont arrêté le mouvement de décroissance, mais ce mouvement n'existe pas moins et semble un fait acquis. En 1871, les fermes anglaises étaient revenues à l'effectif de moutons qu'elles possédaient en 1800.

En Écosse, il n'y a pas eu de changement notable dans la population ovine; l'élevage n'a fait qu'y suivre les influences des saisons. En Irlande, au contraire, à mesure que la population humaine a diminué, le nombre des moutons a augmenté. L'accroissement a été, de 1863 à 1873, de 2,500,000 bêtes ovines.

Avec ses effectifs actuels, le Royaume-Uni a 1,789 moutons par 1,000 hectares cultivés; en France, nous en avons seulement 735.

Le fait de la diminution des troupeaux, dont on s'est beaucoup ému en France dans ces derniers temps, n'est donc pas particulier à notre pays. C'est un fait général, que l'on doit attribuer au défrichement des landes et à la substitution des grosses et moyennes races aux petites. La crise des laines, qui s'est fait sentir avec une très-grande intensité de 1865 à 1869, n'a pas peu contribué aussi à faire diminuer l'importance des troupeaux au profit du gros bétail.

Cette diminution n'est nullement un signe de décadence dans l'élevage; elle n'indique ni un ralentissement dans les progrès généraux de l'agriculture ni une diminution dans la production animale.

8.

Le nombre n'est pas, en effet, un élément suffisant d'appréciation, car deux moutons dont l'un pèse le double de l'autre constituent bien pour la statistique deux animaux, mais ces deux bêtes ne sont nullement équivalentes, puisque l'une d'elles vaut le double. La statistique, pour donner la vérité, devrait donc, à côté du nombre, indiquer le poids vif de chaque catégorie d'animaux : or, pour l'Angleterre, il est incontestable que les 17 millions de moutons qui constituaient l'effectif des troupeaux en 1800 ne sont nullement comparables aux 17 millions de moutons dont l'existence a été constatée en 1871. D'après Lucock, agronome du commencement de ce siècle, un mouton anglais donnait, en 1800, à l'âge de trois ans et demi à quatre ans, 28 kilogrammes de viande; aujourd'hui, à deux ans seulement, il en fournit de 35 à 40 en moyenne; donc, avec le même nombre de bêtes, l'agriculture anglaise produit près de quatre fois plus de denrées animales par an!... Ajoutons que, de 1860 à 1873, le poids vif des animaux a continué à augmenter. Il est toutefois impossible de trouver dans ce progrès une compensation à la décroissance du nombre des moutons depuis 1860.

Mais la diminution d'un produit importe peu, s'il y a d'autre part augmentation équivalente d'une denrée analogue. Le mouton est surtout élevé, en Angleterre, comme machine à faire de la viande; la laine est l'accessoire, puisque l'Australie avec ses immenses troupeaux est en état de pourvoir largement à tous les besoins de ses manufactures; or, s'il en est ainsi, le cultivateur n'a plus qu'un but : chercher la machine animale qui, pour une même quantité de fourrage, lui fournisse au meilleur marché le plus de viande. Actuellement le gros bétail est cette machine : il est donc logique que l'éleveur anglais donne du développement à l'élevage de l'espèce bovine et diminue celui des moutons. Tous comptes faits, malgré la réduction des troupeaux, le progrès n'en reste pas moins considérable dans le Royaume-Uni. Un million de moutons anglais équivalent à 120,000 têtes de gros bétail; en faisant la compensation, l'augmentation réelle de l'effectif des animaux de rente resterait encore équivalente à 1,485,000 bêtes bovines.

En 1860, il y avait 150 hectares de cultures fourragères pour 100 bêtes bovines, sans compter les animaux des autres espèces entretenus dans les fermes; il s'ensuit que les 1,255,000 hectares ajoutés depuis cette époque à la surface consacrée à la production des fourrages doivent fournir à l'entretien de 583,000 têtes de gros bétail; il y a eu un excédant réel de 1,485,000 animaux. La différence entre ces deux chiffres, 650,000 bêtes, ne peut représenter évidemment autre chose que le bétail entretenu avec le fourrage obtenu en sus de la production moyenne de 1860 : elle prouve

que chaque hectare produit plus actuellement qu'en 1860, que l'accroissement est de 1,8 p. o/o par an. Cette plus-value corrobore donc pleinement le chiffre auquel nous sommes arrivé par l'évaluation directe des
progrès de la culture.

La production des fourrages et celle de la viande croît donc beaucoup
plus vite que la population humaine; si le prix de la viande, néanmoins, est en hausse continuelle, il faut attribuer le fait à la prospérité
générale du pays, qui grandit de jour en jour et permet à chacun de consommer beaucoup plus de viande; la hausse des prix est la conséquence
de ce que la consommation de la viande croît comme 4, alors que la population augmente comme 1 et le bétail comme 2.

Pour les porcs, les progrès n'ont pas été bien sensibles. Les effectifs,
de 1860 à 1873, ont toujours oscillé entre 3,500,000 et 4,000,000
de têtes; l'élevage en accroît le nombre quand l'année est bonne et qu'il
y a abondance de menus grains et surtout de pommes de terre; il y a diminution, au contraire, quand ces denrées viennent à manquer : c'est ce
qui s'est produit en 1872; aussi y a-t-il eu moins de porcs en 1873 que
dans les années précédentes. En moyenne, on peut estimer que le Royaume-
Uni a eu, pendant les dix dernières années, 4 millions de ces animaux,
soit 210 par 1,000 hectares exploités; c'est encore, relativement, beaucoup
plus qu'en France, où l'effectif comprend 5,377,000 porcs et correspond à
163 bêtes par 1,000 hectares en culture. Ici la supérioriorité de l'agriculture anglaise n'a nulle raison d'être.

Le progrès réel qui s'est produit en Angleterre dans l'espèce porcine
réside particulièrement dans le perfectionnement du porc comme machine
à faire du lard et de la viande. Les éleveurs sont arrivés à produire des
animaux qui grandissent et engraissent avec une rapidité remarquable :
s'assimilant énergiquement les parties alibiles de la ration, n'y laissant
que très-peu de substances inutilisées, comme les bonnes machines de l'industrie, ne faisant que très-peu de déchets, ces bêtes améliorées donnent,
pour la même quantité de nourriture, 10 à 15 p. o/o de produit en plus
que les races du continent. Les Anglais ont commencé par améliorer les
petites races, qui forment le premier et le plus facile des échelons à gravir
dans la poursuite du perfectionnement des animaux domestiques; puis
ils ont cherché à effectuer le même progrès dans les races de moyenne
et de grande taille; cette transformation s'effectue; elle est déjà beaucoup
avancée, de sorte qu'aujourd'hui le même effectif ne représente certainement plus le même poids vif ni la même production de lard et de jambon
qu'en 1863.

D'après les chiffres fournis à la commission spéciale de la Chambre des communes par M. John Clarke, le produit annuel total en viande de l'agriculture du Royaume-Uni serait de 1 milliard 875 millions de francs, soit environ 100 francs par hectare en exploitation (terres, prés et pâtures). Notre dernière statistique ne porte pas à plus de 1 milliard 350 millions de francs la valeur de la viande produite annuellement en France; c'est 41 fr. par hectare cultivé. Pour la laine, la supériorité des îles Britanniques est encore plus grande : la production y est de 220 millions de francs, ou de 10 francs par hectare en exploitation; en France, elle n'est que de 121 millions ou de 3 fr. 75 par hectare en culture. Nous produisons plus de volailles et d'œufs, mais, par contre, nous tirons de nos vaches moins de lait; l'écart signalé par M. de Lavergne en 1863 subsiste encore aujourd'hui. L'infériorité de l'agriculture britannique quant à l'effectif des chevaux disparaît de même quand on considère le nombre et la valeur respective des juments poulinières et des élèves de chaque pays; la production animale (viande, lait, chevaux, volailles et menus produits) de l'agriculture britannique dépasse de 5 à 600 millions celle de l'agriculture française, et cependant le Royaume-Uni est encore loin d'avoir atteint, dans son ensemble, le niveau auquel peut monter son agriculture, puisque, d'après les évaluations d'un membre du Parlement britannique, M. James Howard, la production de la viande dans une ferme bien conduite s'élève aujourd'hui en Angleterre à 310 francs par hectare, c'est-à-dire au triple du rendement moyen actuel.

Si de la production de la viande on passe à celle du fumier, on trouve des chiffres qui expliquent la supériorité des rendements de l'agriculture de nos voisins. Le Royaume-Uni obtient annuellement de ses bestiaux à peu près autant de fumier que la France des siens. Dans le premier pays, la production est de 118 milliards de kilogrammes; dans le deuxième, de 115. Mais l'égalité n'existe plus quant à la valeur de l'engrais; le fermier anglais, nourrissant son bétail plus abondamment et plus richement, obtient un fumier de qualité supérieure. Les éleveurs et engraisseurs de la Grande-Bretagne achètent chaque année à l'étranger des masses considérables de maïs et de tourteaux[1] pour engraisser leurs animaux. Ils consomment également les sons et issues provenant de 28 à 30 millions

---

[1] Les importations ont été, en 1873, de :

Tourteaux de graines oléagineuses (valant 81,300,000 fr.).	134,000,000	kilogr.
Maïs	24,532,670	quint' de 50ᵏ,8.
Orge	14,047,000	
Avoine	11,500,000	
Froment	42,000,000	

L'Angleterre importe, en outre, 17 millions de quintaux métriques de graines, de coton, de lin et de chanvre, 4 à 500,000 hectolitres de colza et autres oléagineuses, exportations déduites; les graines servent à la fabrication des huiles et les tourteaux qui en proviennent passent à l'agriculture pour la nourriture du bétail ou la fumure des terres.

d'hectolitres de blés importés chaque année dans le Royaume-Uni, et les résidus de brasserie des orges tirées du dehors.

L'inégalité des deux pays se manifeste surtout quant à la destination du fumier : les 115 millions de tonnes d'engrais de ferme produits par l'agriculture française servent à la fumure de 30 millions d'hectares de terres arables, tandis que les 118 millions de tonnes obtenus en Angleterre sont destinés à 9,500,000 hectares seulement. Dans le premier cas, la production annuelle correspond à 3,800 kilogrammes de fumier par hectare, et dans le deuxième à 12,400 kilogrammes. Tandis que l'agriculteur anglais trouve dans sa cour de ferme de quoi fumer ses terres, dans l'assolement alterne, tous les deux ans, à raison de 25,000 kilogrammes de fumier par hectare, ou tous les quatre ans, avec la rotation du Norfolk, à raison de 50,000 kilogrammes, le cultivateur français, avec l'assolement triennal, ne peut donner à ses champs qu'une fois tous les trois ans une fumure moyenne de 11,500 kilogrammes ou de 20 à 25 mètres cubes. Il ne faut pas oublier non plus que l'agriculteur anglais dépense, en outre, pour 75 francs en moyenne d'engrais complémentaires ou commerciaux par hectare et par an, ce qui porterait à près de 20,000 kilogrammes de fumier, ou équivalent, la dose disponible chaque année par hectare pour maintenir et élever constamment la fertilité des terres, comme le prouve la hausse continue des rendements. Là est l'un des plus grands secrets de la prospérité de l'agriculture britannique.

Les colonies anglaises ont eu un développement qui n'est plus comparable à celui de la mère patrie. Nous ne parlerons pas de l'immense empire des Indes orientales, dont l'exposition, organisée avec un grand soin et un goût véritablement artistique par M. le colonel Michael et par son collaborateur le capitaine Walker, montrait aux regards étonnés du public les trésors de l'Orient en objets de luxe et d'art, en bronzes, en armes richement ornementées, en fourrures, en bijoux, en tissus brochés d'or, en cachemires, etc. Cette terre appartient encore au génie oriental; l'Anglo-Saxon ne s'y révèle pas dans toute la plénitude de sa force. Il est comme noyé dans la masse, non pas que ses efforts restent stériles et n'aient de très-grands résultats : il a commencé à ouvrir ce pays à la civilisation occidentale en lui donnant des chemins de fer, en ouvrant des canaux d'arrosage pour l'irrigation de ses immenses plaines altérées; il arrive à y introduire un outillage plus perfectionné, il exploite mieux les ressources forestières du pays et y propage la culture du quinquina, cette plante précieuse qui allait nous manquer. Mais on ne change pas du jour au lendemain le génie d'un peuple de 100 millions d'individus, qui

compte cinquante siècles d'existence et dont les traditions sont si profondément enracinées ; aussi, par sa masse, l'Hindou domine-t-il encore partout
avec ses goûts et son industrie. Ses métiers représentent l'enfance de l'art,
c'est l'outil à main, informe et grossier, que partout on rencontre ; la con-
ception mécanique fait complétement défaut, le travail manuel pourvoit à
tout. L'exposition à ce point de vue présentait une intéressante collection
d'instruments servant dans les Indes anglaises pour la culture du sol ; la
charrue, la herse, les rouleaux, les semoirs en ligne et les houes s'y trouvaient, mais à l'état rudimentaire. Ils doivent remonter aux premiers âges
de la civilisation, et s'être transmis religieusement de génération en génération.

Cest à l'Occident, et surtout dans l'Océanie, que le génie colonisateur
des Anglais s'est manifesté dans sa toute-puissance : le développement de
la colonie australienne peut être comparé à celui des États-Unis ; les conditions du progrès étaient les mêmes. les résultats ont été semblables.
Ainsi, ce continent qui, il y a un siècle, nous était encore inconnu et se
trouvait entre les mains des peuplades sauvages les plus sanguinaires et
les plus dégradées, qui, il y a trente-cinq ans, n'était encore qu'un lieu de
déportation pour les criminels de la pire espèce, est devenu une puissante colonie ; les premiers émigrants ont trouvé l'or sous leurs pieds, et le
premier capital, si indispensable pour tout établissement nouveau, a été
constitué ; ceux qui les ont suivis n'ont pas été moins heureux ; ils ont ren-
contré un marché avantageux, des salaires énormes, d'immenses espaces,
de fertiles terres à blé, des coteaux propres à la culture de la vigne, des
herbages favorables à l'élevage des moutons : avec de l'or et de l'espace
l'avenir était assuré ; il a dépassé toutes prévisions.

Les colonies australiennes de l'Angleterre comptent une superficie de
668 millions d'hectares et une population de 1,917,000 âmes ; il y
a neuf ans la population était de 1,166,000 habitants. Elle s'est donc
accrue de 64,3 p. o/o ou de 7,5 p. o/o par an! Le développement des
cultures y a suivi les allures que nous avons constatées déjà aux États-
Unis. Ce ne sont pas les rendements qui ont augmenté, ils sont très-
faibles ; la culture extensive seule y est pratiquée, nul autre système n'y
est possible ; mais la surface acquise à la charrue s'étend chaque année dans
de vastes proportions. En trois ans l'étendue cultivée, de 1,368,000 hectares, est arrivée à 1,700,000 hectares, ce qui fait une augmentation annuelle de 8 p. o/o.

Les principales cultures de l'Australie comprennent le froment, qui occupe
dans la catégorie des céréales la première place : environ 600,000 hectares lui sont dévolus ; l'avoine vient ensuite pour 128,000 hectares.

L'orge, qui demande des terres améliorées de longue main, ne se fait que sur 18,000 hectares. Quant au maïs, il ne pousse bien que dans la Nouvelle-Galles du Sud, où il occupe 45,000 hectares.

Parmi les cultures industrielles, on trouve la canne à sucre sur 6,000 hectares dans la Nouvelle-Galles du Sud et dans la province de Queensland; ce dernier pays a introduit le coton, qui s'étend aujourd'hui sur 5,300 hectares. Le tabac y fait peu de progrès, ou du moins ne s'y est pas encore notablement répandu; on n'en compte pas 400 hectares en tout. Ces cultures exigent trop de bras pour pouvoir prendre un rapide développement. La vigne semble vouloir y marcher plus vite; elle embrasse déjà 6,500 hectares. Évidemment, la tendance de l'agriculture australienne est de faire du froment d'une part, et de l'autre du vin, du coton, de la canne à sucre, et un peu de tabac. On peut lui présager un bel avenir sous ce rapport : déjà ses blés, dont la qualité est remarquable, sont très-estimés sur les marchés européens; son vin est de bonne nature, il sera aisément amélioré à l'aide d'une fabrication plus intelligente; son vignoble a besoin de vieillir et d'être soumis à un traitement spécial, au double point de vue de la taille et de la nature des cépages.

La production actuelle de l'Australie, dans une bonne année, est de 7,500,000 hectolitres de froment, ce qui fait 12 hectolitres par hectare. Dans la Nouvelle-Zélande, où le climat est plus tempéré, le rendement arrive jusqu'à 18 hectolitres. Au reste, les récoltes de cette contrée, comme celles de toutes les régions à étés très-chauds et à grandes sécheresses, sont soumises pour les rendements à de notables variations; quand la saison est favorable, le cultivateur récolte 12 ou 13 hectolitres par hectare; mais, quand les sécheresses se prolongent, que le sol perd l'humidité indispensable à la vie de la plante, il ne récolte rien et obtient à grand peine sa semence. C'est le propre de la culture extensive, avec ses labours superficiels, de mettre le cultivateur à la merci des intempéries; ainsi, en 1870, le rendement en froment a été, en Australie, de 5 hectolitres à l'hectare; en 1871, il s'est élevé à 11 hectolitres; en 1872, année très-favorable, il a été de 12 hectolitres et demi, et est retombé au-dessous de la moyenne l'an dernier.

L'orge rend, dans une année favorable, 13 hectolitres à l'hectare. L'avoine ne donne pas davantage, excepté dans la Nouvelle-Zélande, où elle est cultivée très en grand et produit de 18 à 20 hectolitres. Les prairies ne fournissent pas plus de 1,500 kilogrammes de foin par hectare. Le produit moyen du vignoble, pour les cinq dernières années, a été 15 hectolitres et demi à l'hectare; mais il faut noter que tout le vignoble australien est de création récente et que beaucoup de vignes ne sont pas encore arrivées au chiffre de leur production normale. L'avenir ne nous réserve pas en Australie une concurrence réelle pour nos vins. Les débouchés qui s'ouvriront certainement un jour dans l'immense empire du Milieu et aux Indes peuvent enlever à ce sujet toute préoccupation, et de longtemps les produits des deux pays ne se rencontreront sur les marchés, car ils n'ont pas les mêmes qualités; il en est des vins, quoi qu'on fasse et dise, comme de beaucoup d'autres produits : on sait, par exemple, que jamais, malgré les plus grands efforts, les États-Unis n'ont pu rivaliser avec la Havane pour la production des tabacs fins.

Si la culture a effectué de réels progrès en Australie, le bétail en a fait certainement de bien plus grands encore. En 1776, à peu près vers l'époque où Louis XVI introduisait en France 300 béliers et brebis mérinos et fondait la bergerie de Rambouillet, l'un des premiers colons australiens, le capitaine Mac Arthur, amenait de son côté, dans cette terre encore tout inconnue, 5 brebis et 3 béliers mérinos achetés au Cap de Bonne-Espérance, où ils avaient été introduits d'Espagne par des Hollandais. De part et d'autre, l'importation devint la souche de nombreux troupeaux à laine fine et la source d'une grande prospérité; mais l'importance des résultats a été bien différente dans les deux pays. La France compte actuellement une dizaine de millions à peine de mérinos ou métis-mérinos, l'Australie en a (1873) 51,650,000, et livre à l'exportation 182,700,000 livres de laine d'une valeur de 450 millions de francs; depuis 1867, ses troupeaux ont augmenté à raison de 1 million de têtes par an !... Et cependant l'élevage n'y rencontre pas toujours des conditions favorables. Les difficultés de l'entretien des troupeaux y sont parfois très-considérables, par suite de la sécheresse qui tarit rivières, sources et puits dans tout le pays; quand ce malheur arrive, les propriétaires sont obligés d'abattre à la hâte leurs troupeaux. La peau de chaque mouton est enlevée, les carcasses sont jetées dans d'immenses chaudières pour en extraire le suif. Dans les provinces méridionales, dans la Tasmanie et l'Australie du Sud principalement, c'est par millions que l'on compte souvent en une seule année les animaux dont il faut se défaire hâtivement pour ne pas les voir mourir de soif; mais le colon ne se rebute pas; après de tels désastres il recommence à nouveau son œuvre, reconstitue ses troupeaux et ne recule devant aucun sacrifice pour amener de l'eau dans ses parcours ou *run*. Il a pour stimulant la perspective des profits toujours considérables que lui donnent les bonnes années. On s'est beaucoup exagéré l'influence du développement des troupeaux australiens sur le prix des laines en Europe. La grande baisse de 1865 à 1868, qui avait causé une véritable panique chez tous les éleveurs, a été due à l'encombrement des marchés et non à une

AGRICULTURE. 111

autre cause. La marchandise a subi l'effet de la loi de l'offre et de la demande : l'erreur a été de croire à la permanence de ce qui était accidentel et momentané. Dès 1867, nous avons pu aisément démontrer que ces craintes étaient chimériques, et que les éleveurs australiens étaient plus frappés que les cultivateurs européens par la baisse énorme de nos marchés : les laines de l'Australie ne peuvent, en effet, à raison des risques et du taux excessif des transports par terre, arriver économiquement en Europe, qu'autant que le prix de nos laines indigènes n'est pas inférieur à 2 fr. 23 cent. le kilogramme en suint. Elles jouent, comme les blés étrangers, le rôle de modérateur des prix, et empêchent ceux-ci de s'élever au delà d'un certain chiffre; l'Australie est, à ce point de vue, une véritable providence pour l'Europe, car sans elle les troupeaux de l'Europe n'auraient pu répondre à la consommation. La laine serait montée à 10 ou 12 francs le kilogramme, et la moitié de la population, surtout les ouvriers, se trouveraient par là privés de l'usage si hygiénique des vêtements de laine. Ce pays est appelé à rendre un autre service à l'Europe, celui d'accroître ses ressources alimentaires en viande. Déjà d'intéressants essais ont été faits pour rendre les viandes transportables; il y en avait de très-bons échantillons à l'Exposition. La classe laborieuse trouvera certainement dans les conserves australiennes une nourriture aussi substantielle et plus économique que celle que procure la viande fraîche, dont le prix s'élève de plus en plus.

Les autres espèces domestiques ont pris en Australie moins de développement relativement que le mouton, mais le progrès ne laisse pas cependant d'être considérable, comme on en peut juger par le tableau suivant, dans lequel ont été groupés les effectifs à deux époques distinctes, mais très-rapprochées :

DÉSIGNATION DES ESPÈCES.	NOMBRE D'ANIMAUX DOMESTIQUES	
	en 1869-1870.	en 1872-1873.
Chevaux..........................	682,000	814,700
Gros bétail.......................	3,036,000	4,914,000
Porcs............................	606,000	752,000

La plus grande augmentation est celle de l'espèce bovine, dont le nombre s'est accru de près de 2 millions de têtes, ou de 64 p. 0/0 en trois ans : il n'y a nulle part exemple d'un pareil progrès !

Il résulte des chiffres qui précèdent que les colonies anglaises de l'Australie possèdent par 1,000 hectares en culture :

Chevaux 478
Gros bétail. 2,939
Porcs. 442

Ces nombres sont bien supérieurs à ceux qui ont été trouvés pour les États-Unis : l'Australie aurait, à surface égale en culture, quatre fois plus de chevaux que l'Amérique du Nord, huit fois plus de bétail et un peu plus de 12 p. o/o de porcs. Il faut toutefois observer que ces chiffres n'ont rien d'absolu, d'autant plus que le bétail australien est entretenu pour la plus grande partie dans les parcours naturels des pays qui ne figurent pas comme sol cultivé. En tout cas, nous voyons que les mêmes conditions entraînent avec elles le même système de culture et amènent des progrès similaires; on peut hardiment prédire que l'Australie suivra de près le développement extraordinaire des États-Unis, parce que les mêmes causes, dans des conditions semblables, produisent toujours les mêmes effets.

Quant au Canada, où la France a laissé une empreinte ineffaçable de son passage, il a pris un très-grand et très-rapide développement depuis qu'il a conquis ses libertés et n'est plus gêné dans sa marche par les entraves de la métropole; sa population, qui pour la moitié est d'origine française, s'est développée dans les quinze dernières années à raison de plus de 1 p. o/o par an; elle compte aujourd'hui plus de 3 millions d'âmes; son agriculture a pris un nouvel essor; afin de lui donner une impulsion plus grande et montrer l'importance que la colonie attache à son progrès, la législature a institué un ministère spécial d'agriculture avec des crédits suffisants pour remplir sa tâche. De nombreuses écoles professionnelles ont été fondées; des sociétés d'agriculture se sont organisées partout et travaillent avec ardeur à l'œuvre commune; aussi ce pays est-il dans une voie très-prospère.

Tels sont les progrès accomplis par la Grande-Bretagne et par ses colonies; ils ont été réalisés dans la métropole par la puissance des capitaux et par le besoin qui a amené la transformation de l'outillage dans toutes ses parties et l'emploi d'une masse considérable d'éléments de fertilité: dans les colonies, ils doivent leur origine aux capitaux et au développement rationnel de la culture extensive; ils la doivent encore aux institutions libres, à la possibilité d'acquérir aisément la terre, à l'absence de toute réglementation inutile dans l'achat et la jouissance du sol. Le grand stimulant de la colonisation aux États-Unis a été le profit de la culture du coton et du tabac; c'est la laine qui a amené l'abondance des capitaux et constitué la base la plus solide du développement de l'agriculture australienne.

Et cependant, malgré son énorme production, l'agriculture britannique ne peut parvenir à suffire aux besoins de la consommation intérieure. Sa population ne peut vivre qu'en tirant du dehors ses moyens de subsistance; 10 ou 12 millions de ses habitants doivent être nourris entièrement par l'étranger. L'an dernier, elle était obligée d'acheter à l'étranger pour 2 milliards de grains et de viande; chaque année voit croître le chiffre de son importation [1]. Il y a là un fait social d'une haute gravité et bien digne de la méditation des hommes d'État et des agronomes.

V

ITALIE, ESPAGNE, PORTUGAL, BELGIQUE, HOLLANDE, SUISSE, DANEMARK, SUÈDE ET NORWÉGE.

Ces pays, qui, avec la France, occupaient le reste du pavillon occidental affecté aux produits de l'agriculture, ont fait des expositions qui, quoique ne manquant pas d'importance, n'ont présenté toutefois rien de bien nouveau.

L'ITALIE a continué à montrer ses magnifiques chanvres du Piémont, du Ferrarais et du Bolonais [2], ses riz du Milanais, ses céréales et ses maïs [3];

[1] Les importations de la Grande-Bretagne ont été, en 1873, de 36,250,000 hectolitres de froment et 500 millions de kilogrammes de pommes de terre et autres farineux alimentaires, représentant en tout une valeur de 1,250 millions de francs. Les viandes et animaux introduits se sont élevés comme valeur à 750 millions. La production des îles Britanniques a été, dans la même année, de 27,550,000 hectolitres de froment, d'où il suit que la consommation actuelle de ce pays est de 218 litres de blé par tête et par an; en dix ans elle s'est augmentée de 18 litres.
La population augmentant de 250,000 âmes par an, il faudrait, pour que la culture pût suffire, qu'elle eût un accroissement normal dans sa production annuelle de 580,000 hectolitres de froment.

[2] La production du chanvre est de 50 millions de kilogrammes de filasse par an, celle du lin de 13 millions de kilogrammes.

[3] Le territoire de l'Italie est de 27 millions d'hectares: c'est moitié de la France; la surface productive est de 23 millions. Les marais et terrains incultes occupent 4 millions d'hectares: aucun pays d'Europe ne possède autant de terres consacrées à la culture du riz. En Lombardie, les terres irriguées sont dans la proportion d'un tiers par rapport aux terrains cultivés. L'Italie possède 4 millions d'hectares de bois, 145,000 hectares de rizières, 6,500,000 de prés et pâtures, 555,000 d'olivettes et 10 millions d'hectares de terres arables.
La production annuelle en froment, orge, seigle, riz, maïs et menus grains, s'élève à 70 millions d'hectolitres, ce qui équivaut à 280 litres par tête. Dans les bonnes années, le pays suffit à lui-même; dans les années ordinaires, il importe en moyenne de 4 à 5 millions d'hectolitres de blé pour alimenter les fabriques de pâtes. L'Italie entretient 497,000 chevaux, 3,700,000 têtes de bétail, 8,940,000 moutons, 3,887,000 porcs, 2,160,000 chèvres.

la Toscane a, comme précédemment, exhibé ses huiles renommées et ses collections de fruits conservés ou confits; le Milanais, ses riches soies: Bologne, ses mortadelles; Salerne, ses garances et ses cotons[1]; Parme, ses fromages; Ancône et Vicence, leurs tabacs; Forli, ses anis; la province de Naples, sa réglisse et son safran. De nombreux échantillons de vins et de liqueurs garnissaient plusieurs étagères décorées avec goût : à peu près tous les produits du vignoble italien y étaient représentés; à côté des vins mousseux d'Asti, on voyait le *lacryma-christi*, qui provient des vignes étagées au pied du Vésuve; le *nasca* et les *malvoisies* de la Sardaigne; le *marsala* et le *syracuse* de la Sicile; les vins de la Valteline, très-estimés par les Suisses; ceux de l'île d'Elbe, de Capri, d'Ischia, du Pausilippe; et enfin les vins piémontais, qui ressemblent aux produits du vignoble de Cette, et se vendent principalement pour l'Amérique du Sud.

L'Italie exporte encore très-peu de vins; cependant, depuis quelques années, elle cherche à augmenter considérablement l'étendue de son vignoble. Le gouvernement donne à cet effet de nombreux encouragements, et a créé plusieurs écoles et stations de recherches œnologiques, afin d'aider les viticulteurs à améliorer leurs cultures et leurs procédés de fabrication : la production actuelle est de 28 à 30 millions d'hectolitres, représentant une valeur de 1 milliard de francs. Les vins italiens les plus estimés sont liquoreux, les ordinaires sont plats et n'ont aucune des qualités qui pourraient les rendre redoutables un jour pour le commerce des vins français, et il est douteux qu'on puisse jamais les leur faire acquérir.

Crémone, Gênes et Brescia n'ont pas manqué d'exposer leurs liqueurs; enfin le vermout renommé de Turin occupait sa place habituelle dans les galeries de l'exhibition italienne.

En dehors de cette catégorie de produits, on remarquait une intéressante collection de modèles d'instruments agricoles appartenant à l'École normale primaire de Bologne; de très-belles préparations anatomiques du ver à soie, des imitations en cire, avec un fort grossissement, de tous les organes et des caractères pathologiques qu'ils présentent quand ils sont atteints de maladie. Le chevalier Maestro Angelo mérite une mention spéciale pour les remarquables travaux de ce genre qu'il a faits pour le Muséum de Pavie. Les savants italiens cherchent avec raison à vulgariser les connaissances techniques, en rendant leur étude facile et même attrayante.

---

[1] Le cotonnier est cultivé dans les plaines de la Calabre et de Salerne et dans les basses vallées de la Sardaigne et de la Sicile; son produit, dans ces dernières années, a été d'une valeur de 60 à 70 millions de francs. Cette culture est destinée à produire une heureuse influence dans l'économie rurale des provinces méridionales de l'Italie et surtout de la Sardaigne.

L'Espagne a fait une exhibition complète de ses blés, de ses orges, de ses fruits, de ses amandes; les magnifiques soies de Valence, les huiles, les vins, les réglisses de la vallée de l'Èbre, les spartes, qui depuis quelques années sont devenus l'objet d'un commerce considérable avec l'Angleterre pour la fabrication du papier, les bois et les produits très-variés de ses colonies, occupaient, comme à Paris, une large place dans ses galeries.

Le Portugal avait imité l'exemple de l'Espagne et envoyé à Vienne les fruits, les résines, les essences, les soies, les vins qu'il nous a déjà été donné d'apprécier à l'Exposition universelle de 1867.

La direction de l'agriculture du Gouvernement belge avait pris, long-temps à l'avance, l'initiative de centraliser tous les produits de l'agriculture, de façon à faire à Vienne une exposition digne de la réputation agricole de ce petit pays. Elle en a fait tous les frais, elle s'est chargée de tout, et elle a pleinement réussi. Toutes les variétés cultivées en Belgique ont été très-bien représentées: les céréales, le tabac, le lin, le colza, le chanvre, le houblon, les bois, etc., s'y faisaient voir sous forme de spécimens bien choisis; le Gouvernement avait eu l'excellente idée de grouper les produits par région agricole, de telle sorte que le visiteur pouvait, en comparant l'exposition de la Campine avec celles des Flandres, celle des polders avec celle de la contrée montagneuse des Ardennes, des terrains limoneux et des régions calcaires, voir l'influence du sol et de l'altitude sur la qualité et le rendement des récoltes. Les intéressantes collections de l'École d'agri-culture de Gembloux complétaient cet ensemble. Ainsi envisagée, une ex-position ne sert pas seulement à éclairer le commerce sur les ressources d'une contrée, elle fournit encore un précieux moyen d'enseignement.

La Suisse, la Hollande, le Danemark, la Suède et la Norwége avaient aussi présenté de nombreux échantillons de leurs produits agricoles. Leurs grains, leurs fruits, leurs beurres, leurs fromages, leurs conserves, leurs tabacs, leurs colzas et autres graines diverses, leurs textiles, ne présentaient toutefois rien de nouveau à mentionner. Les vins, les miels, la cire et les fromages de la Suisse sont connus, comme les céréales et les bois des pays septentrionaux; nous signalerons comme une œuvre d'un grand mérite la belle carte dressée par le docteur Schübeler, professeur de botanique à l'université de Christiana, pour représenter la distribution des plantes qui croissent spontanément en Norwége, depuis le 59° degré de latitude jus-qu'au cercle polaire; c'est le produit d'un travail consciencieux, auquel ce savant a consacré plus de vingt années d'études et d'observations; une médaille de progrès en a été la juste récompense.

En ce qui concerne le matériel agricole de ces différents pays, il y a peu de chose à en dire.

L'Espagne, le Portugal et les Pays-Bas n'avaient rien exposé. La Belgique avait présenté quelques instruments aratoires qui ne répondaient nullement à l'état de son agriculture : ils étaient de construction médiocre et peu finis. Le Gouvernement avait fait un vain appel aux constructeurs : ceux-ci n'ont évidemment aucun intérêt à paraître dans les concours universels; ils ont pour eux le marché intérieur, et savent qu'ils ne pourraient lutter avec les fabriques françaises et encore moins avec les usines de la Grande-Bretagne et des États-Unis; à part deux ou trois exceptions, ils se sont tous abstenus. Le ministère belge a fait ce qu'il a pu pour que cette partie de son exposition ne fût pas tout à fait nulle : il a présenté une collection complète d'outils de la culture courante; l'École de Gembloux, de son côté, a exposé les principaux instruments aratoires du pays.

L'Italie a amélioré sensiblement son outillage depuis 1867 : la fabrication, dans son ensemble, paraissait plus soignée; les instruments de la culture perfectionnée ont pénétré chez elle; on reconnaît qu'un certain mouvement a été imprimé à l'agriculture de ce pays et qu'il est bien secondé par le Gouvernement.

La collection de machines de MM. Cosimini et Bertilacci, comprenant moissonneuse, batteuse à grand travail, hache-paille, faneuse, râteau à cheval, herse en fer Howard, scarificateur (modèle Coleman), semoir à céréales, hache-feuilles de mûrier, etc., a été remarquée par le Jury et jugée digne d'une médaille de progrès, en raison du bon choix et de la bonne exécution des instruments qu'elle comprenait. On doit signaler aussi les beaux et puissants araires exposés par MM. Tomaselli et Guarneri, et le hache-feuilles de mûrier de M. Pozzoli. Ce dernier instrument est simple, expéditif et peu coûteux; il se manœuvre à la main et est capable d'un grand débit.

Plusieurs comices agricoles de l'Italie avaient fait des expositions spéciales des instruments en usage dans leurs circonscriptions pour les labours, les défoncements et la culture du chanvre, du riz et de la vigne : ce matériel est, en général, assez bien conçu au point de vue mécanique; ce sont d'excellents ingénieurs qui fournissent les modèles, mais la construction n'est pas toujours irréprochable : elle est loin de présenter le fini désirable. Les fabricants italiens ont de grands progrès à réaliser sous ce rapport : ce n'est plus pour eux qu'une question d'outillage perfectionné à introduire dans leurs ateliers.

La Suisse a exposé beaucoup de pressoirs à vin et à cidre, de barattes et de machines à battre à manége; elle a exhibé quelques charrues, un certain nombre de hache-paille et de magnifiques collections d'ustensiles de laiterie en bois et en fer-blanc. La fabrication suisse est en grand progrès; les instruments sont façonnés avec soin, on pourrait même dire avec goût; de plus, ils sont d'un prix modéré. Les machines à battre sont presque toutes à manége, sans tarare et à petit travail; elles appartiennent au type de la batteuse américaine. M. Rauschenbach, à Schaffhouse, est l'un des plus importants constructeurs de ces machines; leur prix, suivant la force, varie de 500 à 1,500 francs. Ce constructeur en aurait vendu dans le pays 11,000 en quelques années, et 7,000 manéges; il fait également d'excellents hache-paille et des pressoirs du prix de 600 francs qui sont recherchés; ces dernières machines, comme celles qui ont été exposées par les autres fabricants suisses, sont presque toutes des imitations du système Mabile; leur prix, suivant la dimension, varie de 300 à 800 francs.

Les charrues suisses ne présentaient rien de remarquable; les charrues *tourne-oreilles* étaient nombreuses et sont très-répandues dans les districts montagneux, en raison des facilités qu'elles offrent pour la culture des terres en pente; les araires étaient des imitations soit de la charrue Dombasle, soit de la charrue Brabant, ou encore de l'araire américain à versoir court. M. Karl Item avait exposé une véritable merveille de chaudronnerie, une chaudière en cuivre de près de 1,000 litres de capacité pour la fabrication du fromage de Gruyère. Citons encore M. Dennter, à Langenthal, dont la balance romaine donne à la fois le poids et le volume du lait apporté par chaque associé à la fruiterie. Les barattes en bois, qui dominaient, n'ont offert aucun modèle nouveau digne d'être mentionné; elles étaient parfaitement confectionnées, tout comme les ustensiles de laiterie exhibés par M. Eberly, à Saint-Gall, et M. Mauzer, à Appenzell.

La Suisse a obtenu 5 médailles de mérite et 10 mentions honorables pour son matériel agricole.

Le Danemark, qui dans les vingt dernières années a fait des progrès si considérables[1], a pris une part assez restreinte à l'Exposition de Vienne. La fabrication du beurre et du fromage, la production du froment, du colza et de l'orge, y constituent les principales branches de la production agricole. Ses fertiles herbages entretiennent des milliers de vaches qui les pâturent au piquet; aussi les instruments qui ont dominé dans les galeries danoises ont-ils principalement consisté en barattes, vases à lait, et en instruments aratoires. La baratte atmosphérique s'y est beaucoup répandue depuis 1867; l'expérience aurait prouvé, dans nombre de fermes,

_____
[1] *Études économiques sur le Danemark, le Schleswig et le Holstein*, par M. Eug. Tisserand, 1867.

que cette machine fournit de 8 à 12 p. o/o de plus de beurre, pour la
même quantité de lait, que toutes les autres barattes connues; de plus,
douze à quinze minutes suffiraient pour extraire le beurre contenu dans le
lait. L'appareil fait par M. Brunn d'après ce système, et pouvant battre à
la fois 100 litres de lait, est tout en fer-blanc et se vend 300 francs : les
barattes en bois avec batteur vertical étaient toutefois encore plus nombreuses; elles appartenaient toutes à des types déjà décrits; leur construction est bonne et leur prix modéré; elles sont presque toutes à grand
travail, car il y a encore dans ces contrées un grand nombre de fermes où
l'on fait jusqu'à 10 kilogrammes de beurre par jour, et où la baratte est
mue par une machine à vapeur ou à l'aide d'un manége à cheval.

Les formes à fromage, les presses, les appareils à diviser le caillé, n'offraient rien à signaler, sinon leur bonne exécution; on voyait dans cette
exposition quelques échantillons de vases en verre pour recevoir le lait à
écrémer, et plusieurs spécimens de tablettes en bois servant au même
objet, tous articles bien connus.

L'exhibition danoise comprenait encore quelques instruments aratoires,
d'excellentes charrues, des herses en fer bien conditionnées et des houes
des meilleurs modèles; on y voyait enfin des ruches de mouches à miel
de systèmes plus ou moins compliqués.

Le Danemark a remporté, dans la catégorie des machines, deux médailles
de mérite et quatre mentions honorables; s'il n'a pas obtenu une plus grande
quantité de récompenses, cela tient uniquement au petit nombre de ses
exposants, car la fabrication du matériel agricole y est soignée, et il existe
dans le Jutland, en Fionie et à Copenhague plusieurs usines, consacrées
à la construction des machines agricoles, qui sont capables de rivaliser par
leur outillage et leur travail avec les meilleures fabriques du continent.

La Suède a offert une exhibition bien plus considérable que celle des
pays dont nous venons de parler, et d'un intérêt plus réel. L'ensemble
était remarquable, aussi bien par le choix des instruments que par leur
bonne construction, la qualité des matériaux entrant dans leur fabrication et leur bas prix; il révélait une agriculture bien outillée, dans
un certain état d'avancement et s'efforçant de suivre le progrès. Ce pays
possède aujourd'hui des fabriques de machines agricoles qui peuvent lutter avec les usines anglaises; nous citerons entre autres celles d'Ofverum-
Bruck, dirigée par M. Hoëjer, avec le concours d'un ingénieur habile,
M. Amos. Ses ateliers ont acquis une très-grande importance, et ses produits commencent à être connus dans le monde entier; non-seulement ils
approvisionnent les cultivateurs suédois et norwégiens d'une grande partie
de leur matériel, ils alimentent encore un important commerce d'exporta-

tion de charrues et autres instruments aratoires, pour la Russie, l'Allemagne et même l'Amérique. Ses instruments en fer sont parfaitement exécutés et d'une modicité de prix étonnante; de fortes charrues de défrichement, tout en fer, se vendent 110 francs. Les hache-paille, les manéges,
les semoirs, les rouleaux, les herses, les scarificateurs, les polysocs, les
houes, les râteaux et les machines à battre de cette fabrique ne le cèdent
guère, pour la qualité du travail, à ce qui se fait de mieux en Angleterre; mais nulle part on ne les livre à aussi bon marché. Le Jury a accordé à la fabrique d'Ofverum-Bruck une médaille de progrès. La même
récompense a été décernée à la maison Keilor, à Gottemborg, qui a la
spécialité de la fabrication des charrues et en fait un grand commerce
d'exportation. Ces charrues sont en fer, bien confectionnées, très-légères
et solides tout à la fois; leur prix ne dépasse pas celui de nos charrues
en bois. Les charrues américaines de M. Ackers ont aussi vivement attiré
l'attention des visiteurs; l'age et les mancherons seuls sont en bois, le
reste est fait en excellent fer; leur prix est surprenant de bon marché, il
est de 35 francs : aussi l'exposant en vend-il des milliers par an; il en a
exporté 36,000 en quelques années au Cap de Bonne-Espérance, où les
colons en font le plus grand cas.

Quatre fabricants suédois avaient exposé des outils en acier dans le
genre de ceux que les Américains nous ont fait connaître; leurs fourches, bêches, pioches, faux et pelles n'ont pas le brillant des instruments
américains et anglais, mais elles ne leur cèdent pas en qualité, et leur prix
est toujours inférieur.

Enfin la Suède avait élevé, à l'extrémité orientale de l'Exposition du
Prater, un modèle, en grandeur naturelle, d'une laiterie de la Scanie, dans
laquelle on trouvait un matériel complet, tel que baratte à manége, vases
à lait, presse à fromage, moule à caillé, brocs, etc., le tout bien amé-
nagé, très-proprement tenu et soigneusement exécuté. Le Jury a accordé
une médaille de mérite à cette exposition spéciale.

Mentionnons enfin, comme ayant rendu de grands services à la cause
de l'agriculture, la fabrique d'instruments établie à Ladegaardsoë (Norwége), sous l'habile direction de M. Holst. Les herses norwégiennes, les
charrues, les houes, les bisocs, etc., y sont bien conçus et bien exécutés.
Proportionnellement au nombre de leurs exposants, la Suède et la Norwége ont eu autant de récompenses que l'Angleterre et les États-Unis.

En résumé, cette partie de l'Exposition a été remarquable; elle a fait
connaître que les fabricants suédois construisent à très-bas prix de bonnes
machines; que leurs charrues peuvent faire partout une concurrence sérieuse à celles des pays les plus renommés, et, en présence de leur brillante

collection, on se demande quelles sont les contrées qui seront en état de
lutter avec la Suède pour la fourniture de ce matériel, quand ce pays aura
développé sa fabrication comme il le peut, grâce au bas prix de la main-
d'œuvre et du fer, et de la qualité supérieure de ses matériaux. La Suède
trouvera assurément, un jour, dans la fabrication des instruments agricoles, la matière d'un très-important commerce pour elle.

VI.

ALLEMAGNE.

En tête des expositions groupées dans le pavillon oriental de l'agriculture se trouvait l'Allemagne. La Saxe, le Wurtemberg, la Bavière, le
grand-duché de Bade, le Mecklembourg et les autres États allemands
avaient réuni leurs machines et leurs produits à ceux de la Prusse pour
ne faire qu'une seule et même exhibition.

L'Allemagne a fait les plus grands efforts pour briller d'un très-vif
éclat à l'Exposition de Vienne; elle avait obtenu une surface double de
celle qui avait été attribuée à la France; le Gouvernement prussien avait,
en outre, centralisé entre les mains de ses agents tous les services, et la caisse
fédérale avait été largement mise à contribution pour subvenir aux dépenses; rien n'avait été épargné. D'un autre côté, les gouvernements de
chaque État, les provinces, les sociétés locales, les établissements d'enseignement à tous les degrés (universités, académies et écoles pratiques)
avaient reçu l'ordre de réunir et d'envoyer à Vienne tout ce qui était de
nature à faire honneur à l'agriculture allemande. Les particuliers avaient
été conviés très-instamment à prêter leur concours, et tous avaient rivalisé de zèle pour accumuler dans les galeries du Prater des spécimens de
leurs produits et des instruments de leur culture; les objets du passé même
n'avaient pas été omis : aussi l'exposition allemande ressemblait-elle plus
à un musée dans lequel tout était arrangé, classé et étiqueté méthodiquement, qu'à une réunion sévère de produits faisant l'objet d'un commerce
international ou susceptible de le devenir. Les Allemands en cela n'ont
pas imité les Anglais et surtout les Américains du Nord; ils ont, d'autre
part, donné à certains produits une importance qui n'était pas en rapport
avec celle de leur culture; ils ont multiplié les trophées de vins, de
liqueurs, de gerbes, de produits de la chasse, d'emblèmes: ils ont, pour
tout, visé à produire sur le public le plus d'effet possible. A part ces
quelques observations, l'exposition allemande a été réussie et a présenté
un ensemble d'un grand intérêt; l'installation a été faite avec goût, de
façon non-seulement à attirer l'attention des amateurs, mais encore à

permettre au chercheur d'étudier les ressources de l'agriculture germanique et d'apprécier sa situation présente, ses institutions et son avenir.

Toutes les plantes cultivées étaient représentées par d'excellents spécimens; les céréales garnissaient de nombreux gradins; à côté d'échantillons de 10 à 20 litres en sac, on voyait les gerbes de chaque variété
montrant la qualité de la paille, sa longueur et la grosseur des épis[1]; on
y remarquait encore des collections très-variées de semences de toutes
sortes de pois, de féveroles, de haricots et de graines de lupin. L'Allemagne fait de cette dernière plante, dans ses sables secs, une culture qui,
enfouie en vert ou consommée par des moutons, lui rend les plus grands
services. Les semences de trèfle et de luzerne abondaient aussi, et à ce
sujet un professeur avait eu l'ingénieuse idée de signaler une fraude dont
elles sont l'objet de la part des grainiers allemands; cette fraude consiste
à introduire dans la semence à vendre de la brique pilée; celle-ci est ta-
misée de façon à en obtenir des grains qui aient l'aspect et la grosseur
de la semence de trèfle ou de luzerne; ce sable se confond tellement avec
les graines de ces légumineuses, que certains marchands ont pu impuné-
ment en ajouter jusqu'à 35 p. o/o à leurs semences; le microscope permet aisément de constater cette fraude, qui s'est faite, paraît-il, pendant
des années sur une très-grande échelle.

Les plantes industrielles attiraient surtout l'attention des visiteurs; on
y remarquait une belle collection de tabac. Les vitrines de la Bavière contenaient de très-belles feuilles de cette plante; les tabacs de Pfalz méritent
toujours d'être signalés comme les plus fins et les mieux préparés. La culture de cette plante prend de plus en plus d'extension en Allemagne, et le
gouvernement en favorise le développement. La Prusse se propose toutefois, pour accroître les ressources de la caisse de l'Empire, de doubler
l'impôt établi sur le tabac; elle le pourra sans nuire sensiblement à la
consommation, puisque la matière sera encore très-peu frappée. L'impôt
n'est pas perçu en Allemagne comme il l'est en France; la fabrication et
le commerce des tabacs à fumer et à priser sont complétement libres; l'im-

[1] L'empire allemand, avec une population de 41 millions d'habitants et un territoire un peu plus grand (de 2 millions d'hectares envi-ron) que celui de la France, produit, année moyenne, 260 millions d'hectolitres de cé-réales, savoir :

Froment.............. 34,000,000 hectol.

(C'est-à-dire le tiers de la France.)

Seigle 94,000,000
Orge................ 30,000,000

Épeautre............. 15,000,000 hectol.
Avoine.............. 87,000,000
(C'est de 10 à 15 millions d'hectolitres de grains de plus que la France.)

L'Allemagne récolte, en outre, 272 millions d'hectolitres de pommes de terre, ce qui équi-vaut à 6 hectol. 3/4 par habitant.

L'Allemagne ayant 14,154,000 hectares de bois, il s'ensuit que le sol exploité par l'agri-culture est inférieur en étendue de 5 millions d'hectares à celui de la France.

pôt atteint la plante sur pied, en la frappant d'un droit de 90 francs par hectare, et correspond à une charge de 30 centimes par habitant; en France, il s'élève à un chiffre bien supérieur : il est de 3 francs par tête, et en Angleterre, de 7 fr. 50 cent.

La culture du tabac embrassait 25,000 hectares en Allemagne et comptait 178,591 planteurs en 1872. Le produit moyen par hectare est de 1,400 kilogrammes, valant 60 francs le quintal. L'Allemagne, néanmoins, ne suffit pas encore à sa consommation [1], puisqu'elle importe annuellement de 4 à 500,000 quintaux métriques de feuilles et n'en exporte que 50 à 60,000 quintaux sous forme de tabac à fumer et à priser. L'importation ne sert pas seulement à combler le déficit de la production, elle permet de faire des coupages et de rendre d'une consommation facile certains tabacs de pays qui sans cela se débiteraient difficilement; les tabacs de Prusse et de Poméranie, qui manquent de saveur et de consistance, sont dans ce cas. Il n'est aucun des tabacs allemands qui puisse rivaliser avec les produits des Antilles, du Brésil, de Bornéo et de Maryland. Leurs meilleures feuilles paraissent même inférieures aux tabacs de Hollande, de France, de Belgique et d'Algérie. Le tabac du Palatinat est médiocre, mais il a la propriété de s'améliorer par le mélange avec les espèces exotiques et d'en prendre le goût; aussi est-il très-recherché par les fabricants allemands.

Le houblon, qui donne à l'Allemagne sa boisson traditionnelle, sa boisson ordinaire [2], se cultive, depuis le IXe siècle, sur les bords du Rhin; sa production annuelle est de 33 millions 1/2 de kilogrammes. Comme toujours, la Bavière a brillé au premier rang pour ce produit; les meilleurs crus sont ceux de Spalt, de Holbertau et de Hersbruck. La Bavière produit à elle seule la moitié du houblon cultivé en Allemagne; après la Bavière vient le Wurtemberg, pour une production de 5 millions de kilogrammes; son exposition était bonne. Une mention est due également ment aux échantillons de houblon de Posen, d'Altmarck et de Brunswick. Le commerce d'exportation de cette denrée a pris un grand développement dans ces dernières années; de 500,000 kilogrammes qu'il était en 1836, il s'est élevé à 10 millions de kilogrammes. L'excessive fluctuation des prix de cette marchandise est la seule cause qui empêche sa culture de prendre une extension plus grande en Allemagne.

---

[1] En Allemagne, la consommation du tabac est de 1 kil. 740 par tête.

[2] L'Empire allemand est, après la Grande-Bretagne, le pays qui produit le plus de bière. Sa production est de 19,218,000 hectolitres de bière par an; c'est moitié de ce que fabrique l'Angleterre, l'Écosse et l'Irlande réunies, et presque le double de ce qui s'en fait en Autriche-Hongrie.

La production française est de 7 millions d'hectolitres, et celle de la Belgique de 3,500,000 hectolitres.

Les chanvres et les lins occupaient aussi une place marquée dans l'exhibition allemande. Parmi les plus beaux échantillons présentés, on doit citer les beaux chanvres de la Silésie, les lins du grand-duché de Bade, et enfin les filasses de la Westphalie et des provinces rhénanes.

La culture de ces plantes textiles occupe à peu près 5 p. o/o de la surface des terres arables; cependant la production indigène ne suffit pas aux besoins de la consommation du pays; l'Allemagne importe chez elle, pour alimenter ses fabriques, un supplément de lin et de chanvre pour une somme de 5 à 6 millions de francs par an.

Les vins ont surtout eu les honneurs de l'exposition germanique. A en juger par l'étalage de bouteilles placées sur gradins ou élevées en pyramides, qui en a été fait, on se serait cru dans l'exhibition du pays le plus grand producteur de vin. Pampres de vigne ornant les vitrines et les trophées, immenses bouteilles étiquetées aux couleurs voyantes, vitrines et étagères en bois sculpté, flacons de toutes formes et de toutes couleurs, cartes des vignobles, analyses de vins, etc., rien n'avait été ménagé pour attirer sur cette catégorie de produits l'attention des visiteurs. Cette abondance d'ornements contrastait avec la modeste exhibition des vins français; heureusement ceux-ci avaient-ils pour eux (ce qui vaut mieux que tous les ornements possibles) leur vieille réputation et leur qualité reconnue et appréciée par le monde entier.

Le vignoble allemand comprend 125,000 hectares environ[1]; c'est à peu près la vingtième partie de ce que nous avons de vignes en France. Les principaux crus de l'Allemagne sont ceux du Rhin, de la Moselle, de la Franconie et du Neckar. Dans les environs de Dresde, on essaye vainement de faire des imitations de nos vins rouges; mais les vins blancs dominent partout en Allemagne, avec un bouquet très-fort et un goût de terroir marqué; ils sont généralement durs et acides, on ne se fait à leur usage que très-lentement, à cause de leur âpreté; leur nature est telle qu'ils ne peuvent, en aucune façon, être comparés aux vins français.

Dans cette catégorie de produits, une mention particulière est due à l'exposition des vins du duché de Nassau, laquelle a été aussi complète que possible et disposée avec un goût vraiment artistique; une carte donnait la situation du vignoble et le nom des crus classés; dans de grands bocaux en verre on pouvait voir la nature du sol et du sous-sol; au-dessus de ces bocaux était affiché en gros caractères la composition de chaque

[1] La Bavière possède 22,000 hectares de vignes; la Prusse rhénane, 20,000; le Wurtemberg, 19,000; le grand-duché de Bade, 18,000; le duché de Hesse, 8,000. La production totale du vignoble allemand a été, en 1872, de 9 millions d'hectolitres de vin.

échantillon de terre; enfin un tableau faisait connaître les récoltes réalisées de 1672 à 1872. Cette pièce importante permettait de constater un fait grave : l'accroissement du nombre des mauvaises années à partir de 1847; en effet, durant cette période de vingt-six ans, on a eu douze années mauvaises, cinq médiocres, cinq passables et quatre bonnes.

La laine est encore un produit d'une grande importance pour l'Allemagne; ce pays ne compte pas beaucoup plus de moutons que la France, mais il a plus de bêtes à laine fine; sur 29 millions de têtes que comprend l'effectif de ses troupeaux, il a 14 millions de mérinos et métis-mérinos, 7 millions de moutons anglais ou croisés anglais et 8 millions de bêtes des races indigènes. Les cultivateurs ont surtout visé, dans cette contrée, à faire des laines de grande finesse; ils ont à peu près tout sacrifié à ce but; au lieu d'imiter l'exemple de la bergerie de Rambouillet, ils sont arrivés à rapetisser la taille déjà faible du mérinos espagnol. L'établissement français a eu pour objet constant de ses efforts d'améliorer les formes de ses moutons et de leur donner de la précocité, de façon qu'à deux ans, tout en produisant une toison d'un poids double et d'une finesse moyenne, ils soient en état de fournir à la consommation une quantité de viande au moins égale à celle des races de boucherie les mieux conformées. Les éleveurs allemands, au contraire, ne se sont, à quelques exceptions près, attachés qu'à affiner la laine de leurs troupeaux; comme conséquence, la race est devenue chétive, d'un développement tardif, donnant par mouton une livre et demie de laine d'une finesse excessive, mais ne fournissant à la boucherie qu'une carcasse de peu de valeur; or, comme le perfectionnement des métiers à filer permet d'utiliser les laines moyennes à l'égal des laines fines, il en est résulté une baisse énorme pour le prix de ces dernières; le nivellement des prix s'est forcément opéré[1]. Les producteurs allemands ont vu qu'ils avaient fait fausse route,

[1] Les prix des grands marchés allemands en sont la démonstration. Les voici par catégories de laine; le prix indiqué est en thalers de 3 fr. 75 cent. par quintal de 50 kilogrammes de laine mérinos lavée :

Marchés.	1830.	1840.	1850.	1860.	1870.	1871.
LAINES EXTRAFINES.						
Berlin...........	110	115	110	103	"	69
Breslau	150	125	140	118	106	106
LAINES FINES.						
Berlin...........	76	78	85	91	63	59
Breslau	97	85	110	106	86	90
LAINES MOYENNES.						
Berlin...........	62	53	62	79	53	56
Breslau	77	65	80	94	67	71

et cherchent maintenant à réparer leur erreur; ils comprennent qu'il n'est plus indifférent pour eux de ne pas compter avec la production de la viande, et que celle des laines extrafines ne répond plus en aucune façon à la situation économique de l'Europe.

Quoi qu'il en soit, l'exposition allemande à Vienne a abondé en collections de laines mérinos; toutes étaient placées dans des vitrines où elles étaient parfaitement classées et étiquetées; les grands propriétaires de la Silésie, de la Poméranie, du Mecklembourg et du Brandebourg avaient tenu à honneur d'exposer des échantillons des toisons de leurs troupeaux. Ces échantillons, composés de mèches de 2 centimètres de diamètre environ, sont pris sur l'épaule de l'animal; chaque année, dans les troupeaux qui font souche, on enlève, au moment de la tonte, une mèche de la toison d'un bélier connu et une mèche de toison de brebis. Ces spécimens sont mis à leur place dans un cadre, qui représente de la sorte l'histoire et la généalogie des troupeaux au point de vue de la production de la laine; on voit, dans certains cadres, les laines de quarante, cinquante et soixante générations de moutons; on conçoit l'intérêt qu'y attachent les éleveurs allemands.

Parmi les collections de ce genre qui ont été le plus remarquées, il convient de citer celle que renfermait l'exposition collective du Mecklembourg : dix-neuf grands propriétaires y avaient pris part; le prince de Schaumbourg-Lippe figurait parmi eux pour les laines du célèbre troupeau importé

Marchés.	1830.	1840.	1850.	1860.	1870.	1871.
		LAINES ORDINAIRES.				
Berlin............	46	38	42	60	45	49
Breslau	42	52	65	71	54	57

Les rapports d'accroissement du prix de ces diverses catégories de laine peuvent donc être représentés par les chiffres suivants, en prenant le taux de la laine extrafine comme point de départ :

	Hausse du prix.
extrafines..	0,0 p. o/o
Laines { fines..	7,7
moyennement fines....................................	19,3
ordinaires..	24,5

Moins les laines étaient fines, plus elles ont haussé de prix.

De 1843 à 1872, le marché de Pesth (Hongrie) a présenté des résultats analogues. La hausse s'explique par la facilité d'exporter, par suite de l'amélioration des routes et de la construction des chemins de fer.

	Hausse du prix.
extrafines..	14,8 p. o/o
Laines { fines..	25,7
moyennement fines....................................	46,0
moyennes et ordinaires................................	60,0

En France, l'examen des prix de nos marchés montre les mêmes faits.

d'Espagne par sa famille en 1814. La collection de M. Zimermann était
aussi parfaitement arrangée. Nous citerons enfin les exhibitions de la province de Silésie, celles du prince d'Augustenbourg et du comte de Plessen.
La race électorale domine en Saxe; le type Negretti se trouve principalement dans le Mecklembourg, et le croisement électoral-Negretti dans la
Silésie; toutefois nous devons signaler que, dans les vingt dernières années,
beaucoup de troupeaux allemands ont été améliorés, dans le Mecklembourg principalement, par l'introduction du bélier Rambouillet. La production totale de l'Allemagne en laine est de 90 millions de kilogrammes.

L'Allemagne n'a pas manqué de montrer à Vienne les progrès qu'elle a
réalisés dans la production du sucre de betterave. En 1850, elle impor-
tait encore 53 millions de kilogrammes de sucre, n'en réexportant que
10 millions, et sa consommation intérieure était limitée; maintenant elle
en exporte près de 20 millions de kilogrammes, importations déduites,
et la consommation intérieure a doublé[1]. En 1850, l'agriculture allemande produisait 575 millions de kilogrammes de betteraves à sucre,
alimentant 148 fabriques; aujourd'hui l'Allemagne compte 328 fabriques,
qui ont travaillé l'an dernier plus de 3 milliards de kilogrammes de betteraves et produit 259 millions de kilogrammes de sucre.

La Prusse, à elle seule, a.......................	245 sucreries.
Le Brunswick en a...........................	28
Le Wurtemberg............................	6
La Bavière................................	3
Le grand-duché de Bade.......................	1

En Prusse, c'est la province de Saxe qui en a le plus grand nombre:
elle en possède 148 pour une production de 1 milliard et demi de kilogrammes de betteraves; cette province n'a qu'une superficie égale à celle
de quatre départements français (2,519,800 hectares), avec une population de 2 millions d'âmes, mais c'est la région la plus riche et possédant
les agriculteurs les plus instruits de toute la Prusse. Après la province
de Saxe vient la Silésie, qui compte 47 fabriques de sucre pour une production annuelle de 425 millions de kilogrammes de betteraves. L'Anhalt a 200,000 âmes et une superficie de 225,000 hectares, c'est-à-dire
celle de la moitié d'un département français, et on y trouve 36 sucreries.
qui, dans la campagne 1872-73, ont travaillé 358 millions de kilogrammes
de betteraves. Mais aussi quelle magnifique agriculture, et quelle prospérité dans ce petit État!

[1] Elle est actuellement de 5 kilog. 250 gr. par habitant et par an, mais elle va en croissant considérablement.

Le développement que prend l'industrie sucrière en Allemagne, et qui de toutes parts transforme les pays naguère importateurs de sucre en exportateurs, est digne de la sérieuse attention des hommes d'État. M. le comte de Gasparin a dit quelque part que la betterave ferait le tour du monde : les événements viennent lui donner raison. Non-seulement sa culture s'est étendue en Allemagne, en Autriche, en Hongrie; la voilà qui gagne encore l'Italie, et qui, franchissant l'Atlantique, s'implante dans l'Illinois et dans la Californie, sur les rives du Sacramento ; les déboires et les insuccès qui accompagnent presque toutes les industries naissantes n'arrêteront pas les Américains. Les États-Unis, qui aujourd'hui sont encore tributaires de l'étranger pour 400 millions de francs de sucre, se suffiront et deviendront exportateurs à leur tour, dans un avenir plus ou moins prochain.

Ce n'est pas tout, la commission japonaise à l'Exposition universelle de Vienne s'est vivement préoccupée des moyens d'introduire cette belle industrie dans son pays. Elle a fait choix des excellentes graines de M. Despretz (du Nord), pour faire les premiers essais de culture, et s'est mise à la recherche des hommes capables de fonder une sucrerie près de Yeddo : la prédiction de l'illustre agronome est donc près de se réaliser ; elle le sera à coup sûr.

Il y a dans ce mouvement remarquable un enseignement qui ne doit pas nous échapper, c'est que notre industrie sucrière ne peut plus compter sur une grande extension de ses débouchés à l'extérieur. L'Allemagne lui a déjà échappé ; l'Autriche et la Hongrie, comme nous allons le voir, en sont là aussi, et vont venir sur les marchés étrangers lui faire concurrence; les pays importateurs diminuent en nombre, d'année en année. C'est donc à favoriser la consommation intérieure qu'il faut s'attacher, si l'on veut assurer la prospérité de cette précieuse et féconde industrie; la consommation intérieure est encore trop limitée et loin de ce qu'elle devrait être ; mais pour cela il ne faudrait pas exagérer les droits sur cette matière. Il y va de l'avenir de la sucrerie française, et on sait que ses progrès sont intimement liés à ceux de l'agriculture.

La législation allemande sur les sucres conduit les cultivateurs à rechercher, non pas les grosses récoltes de betteraves, mais les gros rendements de sucre avec le minimum de poids de racines. L'impôt ne frappe pas, en effet, le produit fabriqué, comme cela a lieu en France ; il atteint la racine à son entrée dans la fabrique. Il est de 2 fr. 25 cent. par 100 kilogrammes de betteraves. La loi allemande a un avantage : elle conduit logiquement à l'amélioration de la plante-outil ; les cultivateurs sont amenés forcément à rechercher la plante qui, sous le plus petit poids, donne le

plus de sucre, celle qui, pour une quantité déterminée de matière organisée, condense, sous forme de sucre, la plus grande masse de carbone,
d'hydrogène et d'oxygène, prise dans le réservoir inépuisable de l'atmosphère ; aussi les variétés de betteraves sont-elles cultivées, étudiées et
analysées avec soin ; les porte-graines sont choisis parmi les racines re-
connues comme dosant la plus grande quantité de sucre ; de remarquables
recherches ont été faites et se poursuivent sans cesse dans ce sens en
Allemagne.

La législation française n'offre pas le même stimulant ; les gros rendements que nos agriculteurs cherchent à réaliser ménagent-ils autant le
sol que les rendements modérés, qui avec un poids moindre de betteraves
donnent cependant la même quantité de sucre par hectare ? Est-il indifférent encore que l'usine ait à travailler une masse plus grande de matière première pour obtenir le même effet utile ? Sans doute les pulpes reviennent
à la ferme et donnent de la viande, mais le blé qui viendrait à la suite de la
betterave ne donnerait-il pas une somme de matière nutritive plus considérable et plus immédiatement profitable pour l'homme ? Ce sont là des
sujets bien dignes de réflexion pour ceux qui se préoccupent des intérêts
de l'agriculture française.

Les semences de betteraves les plus estimées en Allemagne se font dans
les environs de Magdebourg, où leur production est l'objet de grands
soins ; elles fournissent des racines qui, en moyenne, rendent en poids
1 de sucre pour 11,5 à 12,1 de betteraves.

Les échantillons de sucre exposés par l'Allemagne étaient très-nom-
breux. Le rapport du Jury spécial en fera ressortir les qualités.

De bonne heure, l'agriculture allemande a compris les avantages considérables qui découlent des industries annexes, quand celles-ci, n'expor-
tant de la ferme que des produits composés des principes de l'eau et
de l'atmosphère, laissent à l'exploitation, sous forme de pulpes et de tourteaux, toutes les substances enlevées au sol, et l'enrichissent d'une grande
masse de matières organiques. Dans les pays peuplés, à terre riche et pro-
fonde, propre à la culture des racines, les agriculteurs se sont adonnés à la
production de la betterave à sucre ; dans les districts pauvres, à sol léger,
de médiocre qualité, dans les grands déserts de sable du Brandebourg et
de la Poméranie, dans les landes de Lunebourg, dans le Hanovre et dans
les terres médiocres du centre et du sud, la culture s'est appliquée à faire
des pommes de terre et du seigle, à les distiller pour vendre de l'alcool et
faire avec les pulpes des masses de fumier ; dans le nord, le colza et le lin
ont donné naissance à l'établissement d'huileries. Ces diverses industries se
sont propagées en très-grand nombre, et l'agriculture leur doit d'avoir pu

défricher et améliorer les districts pauvres au point d'en obtenir aujourd'hui des rendements satisfaisants et de pouvoir y entretenir un nombreux bétail[1].

La distillerie a été pour les pays pauvres, en Allemagne, ce que la sucrerie a été pour ses plus riches districts; aujourd'hui les appareils les plus estimés dans cette contrée sont ceux d'un ingénieur français, M. Savalle, auquel l'art de la distillerie doit de nombreux perfectionnements.

En 1836, il y avait en Allemagne environ 14,000 distilleries; aujourd'hui il n'en existe plus que 8,900; mais les établissements actuels travaillent le triple de matières premières (3,500,000 hectolitres de grains et 19 ou 20 millions d'hectolitres de pommes de terre), d'où il suit que les progrès de cette industrie se sont soutenus et ont donné naissance à de grandes fabriques. L'Allemagne avait exposé de nombreux échantillons d'alcool, mais ces produits ne paraissaient pas valoir les nôtres.

Mentionnons encore une belle exhibition de cocons de soie présentée par les grands-duchés de Bade et de Hesse. Pour ce genre de produits, l'Allemagne reste loin derrière la Hongrie, la France, l'Italie et l'Espagne; ce qui n'a pas empêché son exposition d'être, sous ce rapport, plus considérable et plus brillante que celle de ces divers pays.

A côté des produits de l'industrie agricole, la Prusse n'a pas manqué de faire montre des richesses en sels de potasse que ses précieuses salines de Stassfurth renferment : commencée en 1851, l'exploitation de ces mines a fourni; en 1872, 200 millions de kilogrammes de sels de potasse; les dépôts de cette substance ont 42 mètres d'épaisseur et pourront fournir à l'agriculture, pendant de longues années, l'un des éléments minéraux les plus utiles à la végétation.

De nombreux échantillons d'engrais commerciaux, de poudres d'os, de guanos préparés et autres, témoignaient du prix qu'attachent les cultivateurs allemands à l'emploi de ces auxiliaires du fumier : une carte, à l'aide de teintes plus ou moins foncées, indiquait le rang de chaque district au point de vue de la consommation de ces matières fertilisantes ; les provinces les plus riches, où la culture est la plus avancée, sont, comme partout, celles où l'on fait le plus usage des engrais du commerce ; la province de Saxe, l'Anhalt, le royaume de Saxe, se trouvent à leur tête ; les cultivateurs de ces contrées sont arrivés à consommer autant d'engrais que ceux de l'Angleterre, signe du haut degré de perfectionnement de leur agriculture.

---

[1] L'Allemagne possède, dans des conditions de sol inférieures à celles de la France et sur une moindre surface cultivée :

Chevaux 3,500,000	Têtes de bétail............. 15,000,000
(1,200,000 de plus que la France.)	(2,500,000 de plus que la France.)
	Moutons.................. 29,000,000
	Porcs.................... 8,000,000
	Chèvres.................. 2,000,000

Les principales institutions d'enseignement technique ont fait une très-belle exhibition de leurs collections, des travaux de leurs professeurs et de leur matériel d'enseignement; les académies royales d'agriculture de Proskau, de Poppelsdorf, de Hohenheim et d'Eldena méritent plus particulièrement d'être signalées; l'Institut agronomique de Hohenheim avait exposé sa collection de modèles d'instruments d'agriculture; la fabrication de ce petit matériel est devenue une véritable branche d'industrie, tant il est estimé pour la facilité des démonstrations; le professeur Joseph Anselm, de l'École royale d'agriculture de Schleissheim, près de Munich (Bavière), s'y est adonné tout spécialement, et livre au prix de 4,500 francs une collection de modèles des principales machines et des instruments le plus en usage dans la culture; on ne peut reprocher à cette collection, comprenant 108 pièces, que d'être un peu chère, car l'exécution est bonne et reproduit fidèlement toutes les parties des machines. L'Institut agricole d'Eldena, en Poméranie, a présenté de belles photographies de crânes de ruminants pour l'étude des races, au moyen des indications de l'ostéologie, les plans de ses bâtiments et de ses laboratoires, et un intéressant herbier contenant des spécimens complets (tiges, feuilles, fleurs et graines) de toutes les plantes cultivées dans le pays; on voyait entre autres, sur les étagères du même établissement, une collection de 80 variétés de pois et de 300 sortes de pommes de terre, lesquelles avaient fait l'objet d'expériences en 1872 dans le champ d'essais de l'École.

Plusieurs stations de recherches agronomiques avaient exposé également leur matériel d'étude et leurs principaux travaux : parmi ceux-ci on doit citer les remarquables recherches d'un élève du savant professeur Stöckhardt, le docteur Hellriegel, directeur de la station de Dahme, sur le développement des pois, des féveroles et des betteraves dans du sable quartzeux pur, avec addition de sels minéraux (potasse, chaux, magnésie et acide phosphorique) en quantité fixe, et d'azote en quantité variable, sous forme de nitrate de potasse.

On doit une mention particulière au bel Atlas de Meitzen, qui comprend vingt cartes pour représenter la constitution des terrains de l'Allemagne, la nature des sols cultivés, la distribution des températures et des pluies, les altitudes des divers districts, la densité de la population, la surface attribuée à chaque culture, la production de chaque plante agricole, la distribution des races à la surface du territoire, la densité de la population chevaline, celle de la population des espèces bovine, ovine et porcine, les districts adonnés aux industries agricoles, la situation et le nombre des sociétés d'agriculture et des écoles, etc. Chaque carte ne traite que d'un seul objet; on évite ainsi toute confusion. Enfin la collection de modèles d'arbres taillés et greffés d'après tous les systèmes connus, présentée par M. Édouard Muller, professeur de l'École de Ramhof en Bavière, a été jugée digne d'une récompense, comme pouvant rendre d'utiles services aux écoles professionnelles et aux cours d'adultes.

L'exposition des machines indiquait un progrès : les instruments allemands sont évidemment mieux construits, plus finis qu'il y a un certain nombre d'années; les pièces qui les composent sont moins grossièrement fondues, l'ajustage est plus soigné. Un signe de progrès non équivoque, en ce qui concerne l'outillage agricole, se manifeste dans la grande proportion de semoirs qu'ont exhibés les fabricants allemands; si le perfectionnement de la culture d'un pays est en raison directe du nombre de semoirs à céréales qu'on y emploie, de la quantité de fumier et d'engrais complémentaires qu'on y consomme et de la qualité des semences qu'on y confie à la terre, on ne peut méconnaître que l'agriculture ne soit en Allemagne dans une bonne voie. Ce pays a même fait un pas de plus en avant que les autres contrées; il a cherché à réaliser le semoir à poquet, qui est le dernier terme du progrès en ce qui touche les semailles. Il a obtenu cette amélioration pour ses semoirs à betteraves par une disposition bien simple : la roue motrice donne le mouvement à un arbre sur lequel se trouve une roue armée de quatre cames. Ces cames abaissent, chaque fois qu'elles arrivent en contact avec elle, l'extrémité d'un bras de levier du premier genre, et relèvent son autre extrémité arrangée de façon à servir d'obturateur au tube de sortie des semences; au repos, le levier, à l'aide d'un ressort, maintient la fermeture des tubes; quand une came agit sur le bras du levier, il lève l'obturateur, et une petite quantité de graine tombe dans le sillon ouvert par le semoir; pour chaque tour de roue de la machine, les cames agissent un certain nombre de fois sur le levier obturateur, et la machine dépose la graine en autant de points régulièrement espacés. Le règlement de la distance des poquets est d'ailleurs facile; on change le pignon qui fait tourner l'arbre de la roue à cames de façon à lui fournir la vitesse nécessaire. Le semoir à poquet fonctionne régulièrement aujourd'hui dans les bonnes cultures de betteraves de la province de Saxe; c'est un progrès que notre agriculture devrait accomplir aussi. La même amélioration se poursuit pour la semaille des céréales; un certain nombre de semoirs ont été exécutés dans ce but d'après le même principe et ont été exhibés.

Le Jury, reconnaissant l'importance du progrès accompli dans cette voie par la fabrication allemande, a décerné à M. Zimmermann, à Hall (province de Saxe), un diplôme d'honneur : ce constructeur, depuis plusieurs

années, s'est spécialisé pour la fabrication des semoirs (modèles anglais);
il les a perfectionnés notablement, et aujourd'hui il en livre annuellement
pour 1 million de francs à l'agriculture.

Il faut toutefois reconnaître que les ingénieurs allemands ont trouvé
d'utiles auxiliaires, pour la construction du matériel perfectionné, dans
les mécaniciens anglais qui sont venus s'établir dans le pays. M. Garrett, entre autres, en créant à Buckau, près de Madgdebourg, des ateliers
considérables pour la fabrication de ses excellentes machines à semer
en ligne, a donné une sérieuse impulsion à la propagation de ces précieux
instruments.

Les avantages du semoir sont tellement appréciés en Allemagne, qu'un
grand nombre de mécaniciens ont suivi l'exemple de M. Zimmermann;
tous n'ont pas pris part à l'Exposition, et cependant les galeries de l'Exposition n'en comptaient pas moins de seize. Les semoirs exhibés se rap-
prochaient presque tous des types anglais ou français ou en étaient des
copies; leur construction était bonne. Les semoirs à la volée, qui sont une
invention allemande, quoique nombreux encore, diminuent avec raison;
ils ne donnent aucun des avantages des semoirs en ligne.

La concurrence qui s'est établie entre les nombreux fabricants de ces
machines n'a pas eu seulement pour résultat d'amener des perfectionnements dans leur construction; elle en a fait encore baisser le prix en les
rendant ainsi plus accessibles aux cultivateurs; les semoirs faits dans de
bonnes conditions se vendent de 10 à 12 p. o/o meilleur marché qu'en
France; les semoirs Smith pour céréales, fabriqués par M. Zimmermann
avec d'excellents matériaux, et ne le cédant pas pour l'exécution aux
machines sorties des usines anglaises, se vendent aux prix suivants : pour
11 lignes espacées de 0^m,17, 715 francs; pour 14 lignes espacées de
même, 800 francs.

Les semoirs à poquet pour betteraves coûtent :

Modèle de 1^m,883 de large, à quatre rangs............	675 francs.
Modèle de 2^m,825 de large, à six rangs..............	862
Modèle de 3^m,706 de large, à huit rangs.............	1,125

Ces derniers instruments se transforment aisément en semoirs à céréales
et à toutes graines : pour chaque tube supplémentaire, la dépense est de
37 francs. Le même fabricant vend ses houes en fer pour quatre lignes de
betteraves ou 7 lignes de céréales, 200 francs. Les semoirs de M. Sie-
dersleben (Anhalt), de MM. Rapp et Speiser, sont dignes aussi d'être mentionnés.

Dans la catégorie des machines à battre, les Allemands ont fait moins de progrès. Les batteuses à grand travail, livrant le grain tout nettoyé et ensaché, prêt à être porté au marché, sont encore peu répandues. Les machines à manége ne tardant pas dominent; elles figuraient en très-grand nombre dans l'exposition de l'Allemagne; on y trouvait même quelques batteuses à bras. Le principal constructeur de ces machines, M. Lanz, en a vendu l'an dernier plus de 3,000 aux prix de 270 et 350 francs; mais ce n'est pas là un indice de progrès; ces machines, surtout celles qui fonctionnent à bras, sont d'un travail lent, et ne répondent plus aux besoins de l'agriculture moderne, qui tend à opérer vite et bien; les batteuses à manége ont cependant l'avantage d'occuper pendant l'hiver les chevaux que l'agriculture allemande tient en très-grande quantité[1].

Les mécaniciens allemands ont été plus de l'avant en ce qui regarde les faucheuses, les faneuses et les moissonneuses; un certain nombre d'entre eux se sont mis, dans ces dernières années, à fabriquer ces machines. Les spécimens nombreux qu'ils en ont présentés, sans avoir la qualité des machines anglaises et américaines, ne laissent pas d'être convenablement exécutés. En perfectionnant leur outillage, il est hors de doute que l'Allemagne n'arrive à suffire à ses besoins, comme le fait actuellement l'Angleterre: pour le moment, elle continue à faire de très-grandes importations; en 1872, un seul entrepositaire a livré au pays plus de 4,000 moissonneuses et faucheuses, américaines ou anglaises.

Les hache-paille et les coupe-racines, dont on fait un grand usage dans les fermes allemandes pour la préparation de la nourriture des bestiaux, ne présentaient pas d'améliorations sensibles: ces appareils n'ont pas la légèreté et le fini des instruments français et anglais; leur construction est restée en général grossière. La même observation peut être faite, à part quelques exceptions, pour les tarares et les trieurs.

Les charrues allemandes ont été souvent décrites; le ruchaldo, au versoir court et relevé, est une vieille invention; M. Eckert en est le meilleur fabricant; ses charrues en fer, à soc mobile, sont assez bien faites et se vendent à un prix modéré. Ce constructeur est l'un des mieux outillés de l'Allemagne: ses ateliers rappellent ceux de l'Angleterre; il occupe 500 ouvriers toute l'année, et une force motrice de 100 chevaux-vapeur; sa vente dépasse 1 million de francs par an. Ce n'est qu'avec de telles ressources qu'on peut arriver à faire du bon matériel et à le livrer à bon marché. M. Eckert produit aussi d'excellents semoirs; il fait des machines à battre à grand travail, des chariots agricoles légers et solides à la fois; ses houes, ses bisocs, ses semoirs, sont bien façonnés et exécutés d'après

[1] L'agriculture allemande entretient 3 millions 1/2 de chevaux.

les meilleurs types. Le Jury a tenu à récompenser son mérite en lui accordant une médaille de progrès.

La fabrique de l'école de Hohenheim n'a présenté rien de nouveau à signaler.

Sur cent seize exposants de machines agricoles, quarante-cinq ont été récompensés et ont obtenu:

Diplôme d'honneur...............................	1
Médailles de progrès.............................	5
Médailles de mérite.............................	18
Mentions honorables.............................	21

L'agriculture allemande doit le développement qu'elle a pris depuis un certain nombre d'années à plusieurs causes. L'action énergique, constante, des sociétés locales et provinciales, peut compter parmi celles qui ont agi de la façon la plus active; ces sociétés, au nombre de 1,947, comprenant plusieurs centaines de mille membres, disposant de ressources considérables[1], embrassent le pays entier dans leurs ramifications et font une propagande incessante en faveur du progrès; mais l'Allemagne doit surtout l'état prospère de sa culture à son enseignement agricole, qui présente à tous les degrés l'organisation la plus complète. Cet enseignement, fonctionnant sans relâche depuis soixante-dix ans, a répandu sur tous les points du territoire un grand nombre de propriétaires instruits et aptes à diriger le mouvement agricole, des fermiers capables de les comprendre et de s'associer à leur œuvre, et des praticiens en état de les seconder, de faire l'application des meilleures méthodes et de réaliser les améliorations possibles.

L'enseignement agricole date en quelque sorte des grands revers de la Prusse; c'est l'année même d'Iéna que l'agronome Thaer fonda Mœglin, lorsque la Prusse était réduite à une province et ne comptait plus que 7 millions d'habitants. L'Académie royale de Saxe fut créée à Tharandt, près de Dresde, en 1811; le célèbre institut agronomique de Hohenheim (Wurtemberg) fut organisé et ouvert peu de temps après, suivi bientôt à son tour par l'établissement de l'école de Schleissheim, près de Munich.

Les Allemands avaient pris l'idée des écoles techniques en France; ils surent, grâce à leur persévérance, développer l'institution et en tirer les meilleurs résultats; les maux de la guerre disparurent vite, et l'art agricole se mit à refleurir avec la diffusion de l'instruction professionnelle. M. Bous-

[1] La Prusse seule compte 819 associations agricoles, avec 110,000 membres et un budget de plus de 1 million de francs. La Saxe, qui est grande comme 3 ou 4 départements français, en a 362, avec une dotation relativement plus forte encore.

singault avait fait dans sa ferme une série de recherches et de découvertes qui ont rendu célèbre son domaine de Bechelbronn : les Allemands s'emparèrent encore de l'idée, fondèrent des établissements analogues et imprimèrent aux travaux de leurs savants les plus renommés la direction tracée par l'illustre agronome français. Un mot nouveau fut inventé, celui de *station de recherches agronomiques,* mais non l'institution ; l'honneur de la création revient tout entier à la France. Les Allemands ont vu l'importance des services qu'ils pouvaient rendre à l'aide d'établissements semblables ; ils les ont multipliés, spécialisés, les dotant largement et ne reculant devant aucun sacrifice pour leur fournir les moyens d'étude et le matériel nécessaires pour le but à atteindre ; aujourd'hui l'Allemagne possède trente-cinq stations de recherches. Les cours de M. Girardin, de Rouen, lui ont de même inspiré l'idée de créer des professeurs nomades, allant de canton en canton prêcher aux cultivateurs les bonnes doctrines et les améliorations que comportent leurs situations respectives. Toutes les provinces ont maintenant leurs *Wanderlehrer;* les écoles de haut enseignement agronomique, qui sont nombreuses, leur fournissent le personnel enseignant ; elles seules y pourvoient et le peuvent. Les écoles d'agriculture de 2ᵉ et de 3ᵉ degré ont reçu un égal développement avec une ardeur et une persévérance qu'aucune difficulté n'a pu lasser. Le nombre de ces établissements a toujours été croissant ; quand une école a cessé de remplir sa mission, elle a été remplacée par une autre mieux appropriée à la contrée ; les efforts du gouvernement et des professeurs ont été constamment d'élever le niveau de l'enseignement à tous ses degrés.

Actuellement l'Allemagne, pour un territoire cultivé qui est inférieur à celui de la France et pour une population totale de 4o millions d'habitants, possède cent quatre-vingt-quatre écoles d'agriculture. Huit de ces établissements sont de grandes Facultés universitaires, où toutes les branches de la science pure qui se rattachent à l'agriculture sont enseignées par les savants les plus renommés ; dans chacune de ces Facultés il y a vingt à vingt-cinq chaires ; les professeurs qui les occupent ont le rang et les priviléges des professeurs des grandes universités. La Faculté d'agriculture marche de pair avec les Facultés de droit, de médecine et des sciences[1].

Au-dessous de ces écoles de hautes études agronomiques, il y a treize instituts d'agriculture, où douze à seize professeurs enseignent la science et la pratique raisonnée de l'agriculture ; ce sont les écoles bien connues de Hohenheim, de Proskau, d'Eldena, de Poppelsdorf, de Weyhenstephan, de Tharandt, etc. ; puis viennent les écoles moyennes, au nombre

[1] Les universités qui ont des Facultés d'agronomie sont celles de Leipzig, d'Iéna, de Heidelberg, de Berlin, de Halle, de Göttingue, de Königsberg et de Giessen.

de soixante et onze, et enfin les écoles pratiques spécialement affectées à l'étude du drainage, des irrigations et des cultures industrielles: il y en a seize qui appartiennent à cette dernière catégorie d'établissements.

Les écoles moyennes sont destinées à dispenser l'enseignement professionnel aux fils de petits propriétaires et de fermiers qui, n'ayant pas passé par les lycées, ne sont pas en état de suivre les cours des instituts agronomiques ou académies royales d'agriculture. Le niveau de l'enseignement y approche de celui de nos écoles régionales. Les écoles pratiques reçoivent des fils de paysans au sortir de l'école primaire.

L'horticulture, l'arboriculture et la viticulture ne sont pas moins bien traitées que l'agriculture; on compte en Allemagne cinq instituts de haut enseignement horticole, et vingt-huit écoles pratiques pour former des jardiniers et des vignerons habiles.

On conçoit aisément l'heureuse et puissante influence que doivent exercer sur les progrès de l'agriculture les deux ou trois mille jeunes gens appartenant à toutes les classes rurales que les écoles répandent chaque année dans les campagnes et jusque dans les districts les plus reculés, après leur avoir donné une instruction solide; avec raison les Allemands sont fiers de leurs écoles, et les considèrent comme le levier le plus sûr et le plus énergique de l'amélioration de leur sol, de la prospérité de leur agriculture et de la puissance de leur pays: là est en effet le secret de tous leurs progrès agricoles.

VII

ROYAUME D'AUTRICHE.

L'Autriche et la Hongrie ont fait chacune leur exposition séparément: leurs gouvernements ont rivalisé d'efforts pour donner à leur agriculture une représentation digne du rang qu'elle occupe.

L'exposition autrichienne ne remplissait pas seulement un grand nombre de travées du pavillon oriental de l'agriculture: elle occupait encore plusieurs bâtiments spéciaux parsemés dans le parc. Le ministre de l'agriculture avait réuni, dans une élégante construction en bois, de belles collections de minerais et de sels, provenant des mines impériales; des bois, des cartes et des produits agricoles de toutes sortes; il avait construit une très-belle étable, où se trouvaient représentés les plus beaux types des races bovines de l'Autriche. Le prince de Schwartzenberg avait exhibé, dans un très-joli chalet, les produits de ses immenses domaines: le prince de Saxe-Cobourg-Gotha et plusieurs grands propriétaires avaient suivi le même exemple; enfin les écoles d'agriculture, les stations de recherches, les pro-

vinces et les sociétés d'agriculture avaient organisé et installé de belles
expositions de leurs travaux et de leurs produits agricoles.

Dans le pavillon du ministère de l'agriculture, le Gouvernement autrichien
avait fait placer une collection de charrues qui présentait, au point de vue
historique, un véritable intérêt : à côté de l'instrument informe des Indiens
et des peuplades barbares de Java, on voyait l'araire romain, le ruchaldo de la Bohême, la charrue de la Silésie, l'araire Dombasle, la charrue de Hohenheim, le brabant, la tourne-oreille, la charrue américaine
et les charrues anglaises les plus perfectionnées. Sur un socle élevé recou-
vert d'un drap de velours à franges d'or était posée une charrue que l'em-
pereur François II avait menée, un jour de promenade, et avec laquelle
il avait ouvert un sillon.

La station œnologique de Klosterneubourg avait exposé dans le même
local le matériel employé pour la vendange, la taille de la vigne, sa culture et la vinification ; ses appareils d'analyse et de recherches y figuraient
au grand complet en donnant une image exacte de son laboratoire ; sous
la vérandah entourant tout le bâtiment, on voyait une série de vases dans
lesquels des expériences étaient faites sur l'influence du sol sur la végétation
de la vigne et sur la production du raisin ; les recherches portaient sur les
terres les plus variées, depuis le sol quartzeux pur, le sol de gros cailloux
siliceux, le sol composé de charbon minéral pur en morceaux et en pous-
sière, jusqu'aux sols les plus riches. Chaque pot était arrosé régulièrement ; le public se trouvait ainsi à même de voir la conduite de l'expérience et d'en apprécier les résultats [1].

D'énormes échantillons de bois de toutes essences, empilés autour du
chalet du ministre de l'agriculture, témoignaient des ressources considérables en bois de charpente et d'œuvre qu'offrent les forêts de l'Autriche.

Un magnifique salmonide, de belles truites vivantes et d'autres poissons d'espèces variées, d'énormes écrevisses, montraient, dans deux bas-
sins placés près de l'entrée du bâtiment, les intéressants travaux de pisci-
culture exécutés sous les auspices du gouvernement pour le peuplement
en bonnes espèces des rivières et des étangs.

Parmi les objets placés à l'intérieur de cette construction, il faut encore
citer les modèles en relief des travaux d'irrigation exécutés par les ingé-

[1] Dans le pot où le sol était composé en proportions égales de sable, d'argile et d'humus,
la végétation était la plus belle, et la plante
vigoureuse portait de belles grappes ; dans
l'humus pur, la végétation était belle, mais le
cep était sans raisins ; le mélange de sable
et d'humus venait en seconde ligne comme
bon sol à vigne ; dans la terre de fonde mé-
langée de sable et d'argile, la végétation
était encore passable, ainsi que dans le sol formé de sable et d'argile ; mais, dans le sable
et le charbon pur, elle était pauvre. Les cailloux siliceux avaient donné les plus mauvais
résultats.

nieurs de l'État, et une série de cartes agronomiques faites avec un très-grand soin par MM. le baron de Hohenbrück et Lorentz, fonctionnaires supérieurs du ministère de l'agriculture. Ces cartes peignaient en quelque sorte aux yeux tous les éléments de l'économie rurale du pays; elles représentaient, d'une façon commode et saisissante tout à la fois, l'importance de chaque culture et la distribution de chacune d'elles dans le pays. Ainsi, une première carte indiquait la constitution géologique de l'Autriche, c'est-à-dire la nature des couches profondes, et par suite les ressources que le cultivateur peut en tirer pour l'amendement du sol arable et son assainissement. La carte n° 2 faisait connaître la composition du sol dominant dans chaque localité, sa profondeur et sa perméabilité. La carte n° 3 donnait, par une teinte conventionnelle, le relief exact du pays, l'altitude de chaque district au-dessus du niveau de la mer. La carte n° 4 montrait la distribution des températures et des pluies pendant l'année. Dans une cinquième carte, on avait la densité de la population de chaque province; dans une autre, on voyait les systèmes de culture dominant dans chaque région agricole; puis venaient les cartes spéciales relatives à chaque culture, la nuance la plus foncée indiquant la localité, les districts où la culture occupe la plus grande surface, et les teintes claires montrant les pays où elle est le moins répandue. Pour les animaux de chaque espèce, il en était de même. La vigne, le mûrier, les forêts, les cultures industrielles avaient aussi leurs cartes spéciales. Enfin cette intéressante collection se terminait par la carte des sociétés d'agriculture, des établissements d'enseignement technique et des stations de recherches.

Ces intéressants documents exigent sans doute un long et minutieux travail, qui fait le plus grand honneur à leurs auteurs; mais ils offrent certainement le meilleur moyen d'apprendre l'agriculture d'une contrée et d'en apprécier les ressources. Ce qu'on appelle communément chez nous carte agronomique ne répond pas au même but et n'a pas la même portée; ce n'est le plus souvent qu'une carte géologique surchargée de quelques indications spéciales, cela n'est pas suffisant; c'est un atlas qu'il faut faire dans le genre de celui de Meitzen, ou mieux encore de la collection de M. le baron de Hohenbrück, si l'on veut en tirer un utile profit pour l'enseignement et de bonnes indications pour le commerce.

Le pavillon occupé par les produits des domaines de M. le prince de Schwartzenberg était remarquable à plus d'un titre: il offrait extérieurement le spécimen d'un chalet très-élégant; à l'intérieur, la décoration et la disposition des produits avaient été faites avec un goût qui a été l'objet de l'admiration générale. Il eût été difficile de grouper avec plus d'art des gerbes de blé, des sacs de grains, des balles de chanvre et des feuilles de tabac, et de faire de plus beaux trophées avec des guirlandes de houblon, des engins de pêche, des armes de chasse, des hures de sanglier et des têtes de cerfs ornées de leurs longs bois. Tout était occupé, chaque chose était à la place qui lui convenait. Des passages suffisants rendaient la circulation facile et permettaient l'étude des nombreux produits rangés dans ce bâtiment.

Le prince de Schwartzenberg possède 204,388 hectares, formant trente grands domaines presque tous situés dans le sud de la Bohême : 160,000 hectares sont des propriétés forestières; les domaines ruraux cultivés directement par le prince comprennent 14,800 hectares de terres labourables, 5,900 hectares de prairies naturelles, 4,200 hectares de pâtures, 200 hectares de houblonnières, 220 hectares de vergers, 10 hectares de vignes, 40 hectares de pépinières et 10,000 hectares d'étangs. On trouve en outre sur la propriété des mines de charbons, de graphite et de fer, exploitées aussi par le propriétaire et pour son compte. Le prince a 1,035 chevaux, 7,720 têtes de gros bétail et 29,000 moutons; son matériel se compose de 27 machines à battre, mues par une force motrice représentée par 134 chevaux-vapeur, de 206 semoirs et de 45 moissonneuses; les charrues, les herses et les rouleaux s'y comptent par milliers.

Les produits annuels de sa culture comprennent 200,000 hectolitres de grains, 30 millions de kilogrammes de betteraves, 65,000 kilogrammes de houblon, 80,000 kilogrammes de fromage, 72,000 kilogrammes de beurre, 38,000 kilogrammes de laine lavée, 13 millions de kilogrammes de fourrage sec, etc. etc.

Pour utiliser ces produits, la propriété possède 4 grandes sucreries, 23 brasseries, 3 distilleries, 1 huilerie, 4 féculeries, 4 moulins à farine et 46 tuileries, le tout exploité par l'administration du propriétaire.

Les usines industrielles du prince de Schwartzenberg ne sont pas moins considérables; elles emploient une force motrice de 1,097 chevaux-vapeur, et des moteurs hydrauliques dont la puissance équivaut à celle d'une machine de 623 chevaux-vapeur; ses houillères lui rendent de 7 à 800,000 kilogrammes de charbon et de graphite par an, et les hauts fourneaux et fours à puddler qui servent au travail de ses minerais donnent en moyenne 200,000 kilogrammes de fer. Quant à ses forêts, elles lui rapportent environ 200,000 mètres cubes de bois par coupe annuelle. Les propriétés du prince de Schwartzenberg fournissent aux chemins de fer plus de 1 million de quintaux métriques de produits à transporter, et sur les rivières le transport est encore plus considérable : il atteint le chiffre de 200,000 tonnes de marchandises. Les impôts et charges communales qui pèsent sur la propriété dépassent 2 millions de francs. Enfin l'exploitation de cet immense domaine exige un personnel administratif de 743 employés.

Le prince de Schwartzenberg a exposé des spécimens de tous les produits de ses diverses exploitations : les grains, les houblons et les chanvres étaient tous très-beaux ; les toisons exhibées provenaient de troupeaux de mérinos à laine fine dont le prince a toujours été grand amateur.

Parmi les produits qui ont attiré le plus vivement l'attention du public, il faut citer les poissons vivants et les poissons conservés, provenant des étangs de Wittingau. Les carpes, les tanches, les anguilles, les lottes et les brochets étaient d'une taille énorme ; le prince en fait dans ses étangs l'objet d'un élevage et d'un engraissement très-méthodiquement conduits : il aménage ses étangs avec autant de soin que l'herbager le fait pour ses pâtures ; les poissons sont classés par espèces et par catégories d'âge et de taille, changés d'étangs à époques déterminées, de façon qu'ils trouvent des eaux de plus en plus riches ; les carpes et les anguilles atteignent en peu d'années, par cette méthode, des dimensions véritablement colossales, tout en prenant une qualité supérieure. Année moyenne, les étangs du prince de Schwartzenberg livrent au commerce 360,000 kilogrammes de poissons de choix, soit environ 40 kilogrammes par hectare et par an. Sans doute l'aménagement rationnel suivi pour la production du poisson est pour beaucoup dans les résultats obtenus à Wittingau ; on peut croire cependant que la qualité des eaux, la nature du fond et des herbes, des insectes, des mollusques et crustacés qui y vivent, ne sont pas sans quelque influence. Il doit en être pour les poissons comme pour le bétail, et il est probable que les étangs de la Bohême sont pour les carpes ce que les riches herbages de l'Angleterre sont pour l'espèce bovine, et que, dans l'un et l'autre cas, les animaux leur doivent en partie leur précocité et leur développement.

Le prince de Schwartzenberg, pour sa très-remarquable exposition, a remporté un diplôme d'honneur, qui lui a été décerné à l'unanimité.

Le chalet du duc de Saxe-Cobourg-Gotha, qui possède en Autriche huit domaines d'une contenance totale de 80,000 hectares, offrait aussi aux visiteurs un grand attrait ; il était ornementé de la même façon que celui du prince de Schwartzenberg, mais plus petit : il était entouré de massifs, où des spécimens de toutes les essences cultivées dans les forêts du duc avaient été plantés. Sous une élégante vérandah, qui entourait le chalet, se trouvait une belle collection de maïs en épi, de céréales en gerbe, de grands roseaux, de billes de bois, de loupes d'arbres propres à l'ébénisterie, et de blocs de minerai de fer, de houille et de lignite.

A l'intérieur, le bâtiment était garni de nombreux échantillons en sacs de
10 litres de céréales, de semences de légumineuses et autres plantes; les
seigles étaient surtout remarquables par leur qualité; les feuilles de tabac
étaient bien préparées; mais les blés et les avoines étaient médiocres; les
filasses de lin et de chanvre et les laines mérinos exposées ne valaient pas
celles du prince de Schwartzenberg.

L'exposition de l'archiduc Albrecht, l'un des protecteurs les plus ardents
de l'agriculture, et que l'on trouve partout où il y a un intérêt agricole à
soutenir ou à patronner, a aussi très-vivement attiré l'attention des visiteurs.
Les produits de ses domaines, qui ne comptent pas moins de 100,000 hectares, les cartes et les plans des nombreuses améliorations qu'il a effectuées, de ses distilleries et de ses maisons ouvrières, formaient un ensemble des plus intéressants; ses chanvres et ses grains étaient vraiment
remarquables; mais ce qui a surtout vivement frappé le public parmi les
objets exposés, c'était une merveilleuse collection ou plutôt un véritable
musée d'insectes nuisibles et utiles à l'agriculture : il n'est pas possible
d'avoir un ensemble plus complet, mieux arrangé, plus méthodiquement
classé, et d'arriver à préparer avec plus de perfection les insectes les plus
ténus; les larves, les chrysalides et les papillons les plus fragiles s'y montraient comme s'ils étaient vivants; les chenilles surtout faisaient l'admiration générale. A côté de l'insecte, des tableaux faisaient voir les parties
des plantes attaquées par eux et leurs dégâts : cette remarquable exposition, fruit dû au travail laborieux et délicat d'un des agents du prince,
était cotée comme valeur à la somme de 80,000 francs. En voyant ce
que peut le travail et la persévérance, on en vient à regretter que les professeurs de nos écoles n'occupent pas davantage leurs loisirs à réunir des
collections analogues; nos écoles d'agriculture laissent bien à désirer sous
ce rapport; avec du temps et de la persévérance, elles pourraient à la
longue se constituer de véritables et précieuses richesses; c'est une œuvre
de longue haleine, mais l'instruction des maîtres et leur enseignement y
gagneraient.

Une mention particulière revient encore à l'exposition d'un autre grand
propriétaire autrichien, le baron de Sina, qui exploite de vastes domaines
en Moravie. Ses laines surtout étaient très-belles; ses troupeaux de souche,
qui comptent 4,654 têtes, appartiennent à la race électorale pure et viennent des bergeries de M. Gadegast, éleveur célèbre de la Saxe.

Les houblons de la Bohême, de la Moravie, de la Carinthie et de
la basse Autriche méritent aussi d'être signalés; les premiers jouissent
d'une grande réputation et continuent à la mériter; la culture de cette
plante embrasse 8,000 hectares environ en Autriche, et a produit, en

1872, 3 millions et demi de kilogrammes de houblon, d'une valeur de 14,250,000 francs.

L'exposition des sucres de la Bohême et de la Moravie a été très-remarquable : les fabricants de ces deux pays avaient fait tous leurs efforts pour que leur industrie fût dignement représentée à Vienne. Ils ont exhibé un colossal pain de sucre, des produits de premier jet et des sucres raffinés en poudre, en cristaux et en pains; une place d'honneur leur avait été réservée dans les galeries de l'exposition autrichienne. L'industrie sucrière a pris dans ces dernières années un très-grand développement en Autriche. C'est à un Français, à M. Florent Robert, que l'Autriche est redevable de l'introduction de la sucrerie et de ses progrès les plus importants; le fils a suivi l'exemple paternel et exploite à Seelowitz, en Moravie, l'une des fabriques les mieux organisées et les mieux outillées qui existent en Europe. C'est en 1836 que M. Florent Robert, originaire du département de l'Isère, créa en Autriche la première sucrerie de betteraves; les débuts furent laborieux, mais, grâce à sa persévérance et à une connaissance approfondie du métier, cet industrieux agronome est venu à bout de son œuvre. Quatorze ans après, l'empire d'Autriche comptait 84 fabriques travaillant 98 millions de kilogrammes de betteraves; en 1855, il y en avait 109, et le pays était encore d'obligé d'importer 40 millions de kilogrammes de sucre. Aujourd'hui il en existe 262 [1], qui travaillent annuellement 2 milliards de kilogrammes de betteraves, et l'Autriche non-seulement suffit à sa consommation intérieure, qui a doublé sinon triplé depuis vingt ans, mais encore elle exporte 75 millions de kilogrammes de sucre. Les progrès de cette industrie vont croissant : chaque Exposition universelle nous en révèle de nouveaux. Voilà donc encore, comme l'Allemagne, un pays qui, devenu exportateur de sucre, arrive sur les marchés étrangers et fait une redoutable concurrence aux produits français.

La Bohême, dans une exposition collective parfaitement classée, a exhibé toutes les productions de son sol et de ses industries annexes. Des plans ont montré la distribution des cultures dans le pays, la disposition des bâtiments de ferme. A côté des divers terrains dont l'analyse était mentionnée, elle a exhibé les produits obtenus : ses orges, ses blés, ses chanvres, ses lins, ses colzas, ses houblons renommés, ses fourrages, ses vins, ses huiles, son miel, sa cire, ses soies; les superbes écrevisses élevées et engraissées dans ses étangs s'y faisaient remarquer, ainsi que les

---

[1] Voici la répartition des sucreries existant actuellement (1872-1873) en Autriche :

Bohême	158 fabr.
Moravie	50
Silésie	10 fabr.
Basse Autriche	6
Galicie	5
Styrie	1
Hongrie	32

produits de ses vieilles forêts. Les ennemis de la culture et des arbres des bois (insectes, parasites, etc.), et ils sont nombreux dans cette contrée, ont trouvé aussi leur place dans ses galeries. Enfin des tableaux donnaient de très-intéressants renseignements sur l'organisation et la production des grandes et des petites fermes en Bohême. Cette exposition offrait l'ensemble le plus complet qu'on puisse désirer pour l'étude approfondie de l'agriculture du pays. Les exhibitions des écoles d'agriculture de Tetchen, de Liebvert et de Tabor méritaient une mention toute particulière.

La Galicie et la Bukowine ont montré leurs grains et leurs maïs, ainsi qu'un certain nombre de belles toisons provenant de leurs principaux troupeaux de races mérinos et des échantillons de tabac de bonne qualité. Enfin la Styrie, l'Istrie et la basse Autriche ont fait une très-brillante exposition de leurs vins. Les principaux vignobles du royaume sont situés en partie sur les côtes de l'Adriatique, autour de Trieste, où la vigne est cultivée en hautains avec culture de céréales, maïs et fourrages entre les lignes; un deuxième centre de production vinicole s'étend le long des coteaux qui forment la frontière de la Carinthie, de la basse Autriche et de la Moravie avec la Hongrie. La culture de la vigne y est faite à la française; c'est la plus belle et la plus importante région vinicole de l'Autriche [1]; les vins blancs y prédominent. Le Tyrol autrichien offre, dans la vallée qui descend de Brixen à Vérone, un troisième centre de production de vin; le vignoble y est conduit comme celui de l'Alsace. Le vin blanc y est encore dominant. Le rouge se fait principalement dans l'Istrie et dans les riches coteaux qui s'étendent de Vienne aux Alpes. Les crus de cette dernière catégorie les plus estimés sont ceux de Voëslau, de Falkenstein, de Matz et de Schrattenthaler; ils ne manquent pas de qualité et prennent souvent dans les hôtels de Vienne la marque des vins français; ils ne peuvent toutefois être comparés à nos bordeaux et encore moins à nos bourgognes, et, quant à nos vins ordinaires, ceux-ci viendront plutôt faire concurrence aux produits du vignoble autrichien, dans leur pays même, que d'avoir à en souffrir. Le prix du vin commun est encore très-élevé sur les marchés de Trieste, de Gratz et de Vienne [2], et il est même étonnant que nos vins du Midi ne cherchent pas à y trouver de nouveaux débouchés. Les vins riches en couleur, alcooliques, se vendent aisément 80 francs l'hectolitre en ce moment, et dans les bonnes années ils descendent rarement au-dessous de 50 francs.

[1] Le produit dans une bonne année moyenne est de 40 hectolitres par hectare; la valeur de la récolte s'élève à environ 10 francs l'are, et les frais à 7 fr. 90 cent. ou 8 fr. 75 cent.

[2] La récolte des années 1870, 1871, 1872, a été vendue en moyenne de 50 à 110 francs l'hectolitre, suivant qualité.

Une mention particulière est due à la belle carte faite par M. le baron de Hohenbrück sur le vignoble autrichien. D'après cet intéressant document et la statistique qui l'accompagne, l'Autriche aurait actuellement 150,000 hectares de vigne pleine, les vignes intercalées avec la culture arable de l'Istrie étant ramenées à leur équivalent en vignoble plein : la production serait de 3,744,000 hectolitres de vin, année moyenne. On voit que celle-ci est encore loin d'approcher de la nôtre; on constate même que le vignoble autrichien fait peu de progrès, l'excellente bière que produit Vienne faisant une forte et sérieuse concurrence à la consommation du vin.

La Styrie, l'Istrie et quelques parties du Tyrol ont encore fait une très-belle exposition de cocons de soie; réduite à presque rien pendant de longues années et à la suite de la terrible épidémie qui décimait ses magnaneries, l'industrie séricicole s'est relevée grâce aux belles découvertes de M. Pasteur et aux encouragements du Gouvernement autrichien, qui a créé une école spéciale à Goritz dans le but d'initier un certain nombre de jeunes gens au maniement du microscope et à la production de graines saines; des stations de recherches pour le même objet ont été instituées par ses soins dans un grand nombre de localités, ainsi que de petits laboratoires où chacun peut faire examiner sa graine par une personne compétente et à peu de frais.

Au point de vue du matériel agricole, l'Autriche a montré par son exposition qu'elle avait fait depuis 1867 de réels progrès. Sous l'influence de plusieurs grandes maisons anglaises qui s'y sont installées, les instruments perfectionnés s'y sont répandus encore plus qu'en Allemagne. Les batteuses à grand travail n'y sont pas rares; les locomobiles sont appréciées; on n'y rencontre presque plus de machines à bras. Les faucheuses et les moissonneuses fonctionnent partout; les semoirs se répandent : la grande propriété a favorisé le mouvement en se mettant à la tête du progrès et ne négligeant rien pour le rendre accessible à tous. Les constructeurs du pays ont, de leur côté, amélioré leur outillage, et se sont mis à fabriquer les meilleures machines de l'Angleterre et de la France : la demande du matériel de choix croissant sans cesse, plusieurs d'entre eux ont monté des ateliers considérables et les ont munis des marteaux à vapeur et des machines-outils indispensables pour une bonne et active fabrication. Parmi les plus importants, nous citerons M. Eichmann, à Prague, dont les machines à vapeur, les grandes batteuses, peuvent rivaliser avec celles de la Grande-Bretagne. Ses charrues, ses semoirs, ses houes, ses herses, ses coupe-racines, ses arrache-pommes de terre, ses machines à faire les tuyaux de drainage, sont fabriqués d'après les meilleurs modèles et ne laissent rien à désirer. M. Eichmann, étant membre du Jury, n'a pu avoir de récompense; mais ses collègues ont tenu à lui rendre l'hommage qui lui était dû pour ses services.

La maison Clayton et Shuttleworth manufacture à Vienne même ses belles batteuses et ses machines à vapeur avec autant de soin et de succès qu'en Angleterre; elle a joint à sa fabrication spéciale celle des semoirs, qu'elle vend en très-grand nombre. MM. Clayton et Shuttleworth, en créant une usine dans la capitale de l'Autriche et en faisant connaître au pays les meilleures machines de la culture, ont bien mérité le diplôme d'honneur qui leur a été décerné.

Les instruments présentés par deux autres mécaniciens anglais bien connus, MM. Robey et Nicholson, qui se sont aussi établis en Autriche, méritent d'être également signalés.

M. Hof Herr, constructeur du pays, a exposé des semoirs, des moissonneuses et des faucheuses assez bien façonnés; son semoir à treize rangs (système anglais) se vend 800 francs.

M. Kugler fabrique un semoir à poquet pour betteraves, d'une assez bonne construction; il est à alvéoles; un rouleau placé en arrière des socs tasse le sol après le dépôt de la graine. Cet appareil, qui rappelle le modèle allemand, se transforme aisément en houe; pour sept lignes son prix est de 800 francs. Son semoir pour céréales, à treize rangs, avec tubes télescopiques, se vend 680 francs: ses machines à battre à manége sont passables.

On peut encore citer les semoirs pour toutes graines (système Garrett), fabriqués par M. Julien Carrow et par M. Siegl, et le refroidisseur de lait de M. Romanowsky. Ce dernier appareil se compose d'une série de cylindres allongés s'emboîtant les uns dans les autres et laissant un certain intervalle entre eux; ces intervalles sont remplis alternativement de glace et de lait; le refroidissement du liquide s'opère très-vite dans ces conditions.

Ce système toutefois, tout en coûtant assez cher, présente l'inconvénient d'un nettoyage difficile; il ne vaut pas certainement le refroidisseur américain, consistant en une pyramide remplie de glace sur laquelle on fait couler le lait, qui, tombant en cascade sur la surface glacée, arrive complétement refroidi à la base de l'appareil. Ce dernier procédé est à la fois plus expéditif et exige moins de main-d'œuvre.

Les charrues, les herses, les hache-paille, les tarares, qui étaient exposés en très-grand nombre dans les galeries de l'Autriche, n'offraient rien de nouveau à mentionner; les instruments grossièrement faits ont disparu; partout on peut signaler une grande amélioration dans la fabrication des instruments aratoires.

Les exposants de machines dans la section autrichienne ont remporté trente-trois récompenses, savoir :

Diplôme d'honneur.	1
Médailles de progrès.	4
Médailles de mérite.	9
Mentions honorables.	17

L'exposition de Vienne ne nous a pas seulement fait connaître les progrès accomplis par l'agriculture autrichienne dans les dix dernières années; elle nous a encore révélé les ressources qu'elle présente.

Placée au centre de l'Europe, desservie par un magnifique réseau de chemins de fer, arrosée par le plus beau fleuve de l'Europe, ayant de vastes plaines, de larges et fertiles vallées, des coteaux propres à la culture de la vigne et du mûrier, des montagnes riches en pâturages et en mines, et de magnifiques forêts, ce pays ne peut manquer d'être appelé à un grand avenir agricole. Après tous les malheurs qui ont fondu sur elle, après la perte de plusieurs de ses plus riches provinces et sa séparation de la Hongrie, l'Autriche a compris que son salut résidait surtout dans le développement de son agriculture, que par elle seule elle reconquerrait sa force et son ancienne prospérité. Elle s'est souvenue de l'ancienne fiction d'Antée. Un ministère d'agriculture a été créé pour imprimer une impulsion plus énergique au progrès; malgré la détresse de son trésor, malgré la pénurie de ses ressources et les crises qui ébranlaient son crédit, ce pays a amélioré ses routes, en a ouvert de nouvelles et a sextuplé la dotation affectée aux encouragements de l'agriculture. L'industrie sucrière, la viticulture, la sériciculture, l'élevage du bétail, le drainage, les irrigations, l'outillage perfectionné, y ont largement participé; aucune branche de l'exploitation du sol n'a été négligée. Les sociétés d'agriculture ont été appelées de leur côté à donner leur concours à cette œuvre nationale. Plaçant la diffusion de l'instruction au-dessus de tout, le Parlement et le Gouvernement autrichien ont, avec une louable ardeur, uni leurs efforts pour réorganiser l'enseignement agricole; ils ont fondé à Vienne un grand Institut agronomique, multiplié les écoles de tous les degrés [1] et créé plusieurs stations

[1] Les établissements d'agriculture pour enseignement professionnel sont en Autriche au nombre de 38, savoir :

Institut de hautes études d'agronomie, à Vienne	1	Écoles provinciales ou régionales	5
Muséum agricole	1	Écoles moyennes d'agriculture	7
		Écoles pratiques	16
		École supérieure d'horticulture	1
		Écoles d'arboriculture, de viticulture et d'horticulture	7

de recherches. De toutes parts l'instruction se répand maintenant dans le pays, en propageant les bonnes méthodes; déjà ces efforts portent leurs fruits. La surface productive du territoire s'est accrue de 800,000 hectares pendant les dix dernières années [1]; de tous côtés, les rendements des récoltes augmentent [2], les améliorations se multiplient; depuis les Alpes jusqu'aux Carpathes, l'impulsion est donnée, et on peut présager que, grâce à l'excellente qualité de son sol et de son climat, aux avantages de sa situation, à son industrie, à ses établissements d'enseignement agricole, grâce enfin aux débouchés qui sont à sa portée et aux ressources inépuisables que lui offre le Danube pour l'arrosage de l'immense vallée dans laquelle il roule aujourd'hui sans utilité ses eaux limoneuses, l'Autriche, avant peu d'années, ne le cédera en rien aux plus riches régions agricoles de l'Europe.

VIII
ROYAUME DE HONGRIE.

L'exposition hongroise a été tout entière renfermée dans le pavillon oriental de l'agriculture. M. le docteur Wagner, professeur d'agriculture à l'École polytechnique de Pesth, chargé de son organisation, s'est acquitté de sa tâche avec succès, et tous les visiteurs ont pu se féliciter de l'urbanité avec laquelle il n'a cessé d'accueillir les demandes de renseignements qui lui ont été adressées. Il avait à disposer d'un espace en rapport avec l'im-

---

[1] Les 30,247,000 hectares dont se compose le territoire de l'Autriche (non compris la Hongrie) se partagent actuellement comme il suit :

Sol productif (92 p. o/o env.). . 28,025,000 h.
Sol improductif. 2,222,000

Le sol productif se répartit à son tour de la manière suivante :

Terres arables et prés. . . . . . . 18,545,000 h.
Forêts. 9,480,000

L'Autriche a plus de 1,200,000 hectares de bois de plus que la France, mais le sol exploité par l'agriculture est inférieur, comme étendue, à la moitié du sol agricole de la France; celui-ci est de 42 millions d'hectares, tandis que le sol cultivé de l'Autriche comprend seulement :

Terres arables. . . . . 10,224,100 h.
Vignes. 204,400
Olivettes et châtaigneraies 16,500
Prés naturels 3,570,000
Pâturages 4,530,000
Total. 18,545,000

L'Autriche produit, année moyenne, environ 87,500,000 hectolitres de céréales, 5 millions d'hectol. de maïs et 63,500,000 hectolitres de pommes de terre. L'avoine entre dans la production pour 32 millions d'hectolitres, l'orge pour moitié de ce chiffre, le blé pour 22 millions d'hectolitres et le seigle pour 24 millions.

Le bétail entretenu par l'agriculture autrichienne est ainsi composé :

Chevaux 1,366,900
Gros bétail. 7,435,212
Moutons et chèvres. 6,000,000
Porcs. 2,551,473

[2] Les rendements ne s'éloignent pas encore beaucoup de ceux de la culture extensive; ils indiquent les progrès qui restent à réaliser. Ils sont de :

Pour le froment 13h,25
Pour le seigle. 12,75
Pour l'orge. 14,54
Pour l'avoine 16,95

portance du pays au point de vue de la production des denrées agricoles
et du grand commerce d'exportation auquel celles-ci donnent lieu. Tra-
versée par le plus beau fleuve de l'Europe, qui, joint à la Theiss, peut
transformer ses vastes plaines sablonneuses en une Lombardie, la Hongrie
est appelée à un grand avenir, et a, par conséquent, intérêt à mettre en
évidence ses immenses ressources. Son gouvernement, qui le comprend
bien, a saisi avec empressement l'occasion offerte, et le commissaire général qui le représentait l'a mise très-habilement à profit.

Le blé, le maïs, l'avoine, l'orge et le colza, d'une part, le vin, le houblon, la soie et la laine, de l'autre, constituent ses produits principaux :
ce sont ceux qui occupaient la première place.

A la tête des exposants se trouvait la Chambre de commerce de Pesth.
Elle a eu l'heureuse idée de présenter des types de toutes les catégories de
grains produits par le sol national, et il s'en trouvait de très-remarquables.
Elle y a ajouté des tracés géographiques offrant aux yeux, d'une manière
très-vive, la marche et la répartition de la production, ainsi que les prix
moyens, mois par mois et année par année, des divers produits depuis le
début de ce siècle. Enfin elle a complété le tout par une grande publication
intitulée : *Histoire des prix des denrées agricoles pendant le xixe siècle*. Ce livre
précise et détaille par ses indications les tableaux ci-dessus mentionnés.

Sur une étendue de 32 millions d'hectares, la surface productive de la
Hongrie en prend 26,850,000, que les terres arables, les bois et les prés
(pâturages compris) se partagent à peu près également[1]. La culture arable
occupe un peu plus du tiers de la surface du sol cultivé, et les deux autres
grandes branches de la production agricole (prés et pâtures) un peu moins
d'un tiers ; la vigne n'entre que pour un centième environ.

Le froment est la culture prédominante, le maïs suit de près, l'avoine
vient ensuite, puis le seigle ; l'orge est moins répandue, en ce qu'elle exige
des terrains frais et bien cultivés ; la jachère règne sur un cinquième de
la surface arable ; quant aux racines et aux prairies artificielles, on n'en
rencontre quelques parcelles qu'à de longs intervalles[2].

[1] Terres arables............................ 36,24 p. o/o
Prairies naturelles....................... 15,13
Pâtures................................. 15,70   } de la surface productive.
Bois et forêts........................... 31,50
Vignobles................................ 1,39

[2] Les terres arables se répartissent de la manière suivante :
Froment................................. 17,77 p. o/o
Maïs.................................... 16,07
Avoine.................................. 15,08   } de la surface arable.
Seigle.................................. 14,00
Orge.................................... 7,99
Jachère................................. 20,55

La production des grains, qui à la fin du siècle dernier était déjà de 34 millions d'hectolitres, est montée, de 1820 à 1830, à 46 millions, et a atteint, dans les dix dernières années, 74 millions d'hectolitres en moyenne, les années médiocres ne tombant pas au-dessous de 60 millions, les bonnes allant à près de 100 millions. C'est surtout le froment qui a gagné depuis 1820; sa production a triplé : la moyenne pour les dix dernières années a été de 24 millions d'hectolitres; en 1868, année exceptionnellement favorable, elle a été de près de 30 millions. Mais les vicissitudes sont grandes : en 1871, on n'allait qu'à moitié, et il n'y a pas lieu de s'étonner de tels écarts, conséquence naturelle du système extensif qui règne en Hongrie, avec ses labours superficiels et son absence de fumure.

Les principaux centres de production pour cette céréale comprennent les terres riches et profondes de la vallée du Danube, aux environs de Raab et de Pesth, le Banat et les plaines fertiles de la Transylvanie et des Confins militaires.

La population étant très-peu dense (15 millions d'habitants sur plus du double d'hectares) et se nourrissant principalement de maïs et de seigle, le blé reste disponible pour couvrir le déficit des récoltes de l'Europe occidentale après les mauvaises saisons. Partie de ce blé se rend à Pesth pour alimenter les immenses moulins de cette ville, ou, remontant le fleuve jusqu'à Vienne par grands trains que remorquent des bateaux à vapeur, gagne au moyen du chemin de fer le lac de Constance et, de proche en proche, la Suisse et la France; l'autre partie, celle qui provient surtout de la vallée inférieure du Danube, descend le fleuve jusqu'à Galatz ou Braïla, où elle est embarquée pour Marseille. Le prix du transport de Pesth à Vienne est de 1 fr. 05 cent. les 100 kilogrammes; avec une chaîne de touage, on a calculé qu'il pourrait tomber à 40 centimes. Quant à la voie maritime, à Braïla et à Galatz le fret est de 4 francs la charge de 125 kilogrammes. En comptant le chargement, le déchargement, le courtage, l'assurance, la commission (6 p. o/o de la valeur), puis le bénéfice du commerce, on arrive à une dépense qui oscille entre 6 et 8 francs pour le grain rendu en France. Il existe toujours un écart de cette somme entre le prix du blé à Marseille et celui des bouches du Danube; de telle sorte que c'est le cours du marché français qui fixe le cours de Braïla, de Galatz et, par conséquent, de tous les ports du Danube.

Aux débuts de l'ère de la liberté pour le commerce des grains, on craignait que les blés hongrois achetés à vil prix ne vinssent faire irruption sur le marché français et faire tomber par contre-coup la valeur de cette denrée au point de ruiner nos cultivateurs. L'expérience a prouvé combien ces craintes étaient vaines; elle a montré que les prix ont augmenté,

11

au moins dans le même rapport que l'exportation, et elle a permis de constater, grâce aux états fournis par la douane, que les blés hongrois ne prennent pas le chemin de la France tant que l'hectolitre n'y a pas atteint la cote de 22 francs au moins[1].

Le livre de la Chambre de commerce de Pesth nous fournit à cet égard d'utiles renseignements : il nous montre que de 1830 à 1850 les exportations annuelles de blé n'ont pas beaucoup varié; elles ont oscillé entre 500,000 quintaux métriques et 1 million. A partir de cette époque, la marche prit une allure bien plus rapide : les portes étaient ouvertes en Angleterre au blé étranger, elles allaient l'être en France; aussi le commerce prit-il une grande importance dans cette direction.

	Quintaux métriques.
En 1868, le chiffre des exportations était de	2,250,000
En 1869, de	5,115,000
En 1870, de	4,000,000
En 1871, de	4,200,000

sans compter les farines, dont l'exportation a presque doublé depuis 1868.

Quant aux prix, voici la progression qu'ils ont suivie :

	Prix.
De 1819 à 1828	196,0
De 1829 à 1838	226,6
De 1839 à 1848	275,0
De 1849 à 1858	426,0
De 1859 à 1868	464,0
De 1869 à 1872	537,0

La libre entrée des grains a donc eu pour résultat de doubler le prix moyen du blé en Hongrie; celui surtout d'égaliser les prix d'une année à l'autre et d'empêcher ces hausses et ces baisses énormes qui jettent le trouble dans les familles et créent des dangers pour un pays. Nous avons été heureux de trouver dans les tracés graphiques de la Chambre de commerce de Pesth une manifestation aussi saisissante de phénomènes économiques, que nous avions déjà signalés dans l'enquête sur l'Alsace.

Tous les échantillons de blé présentés par les particuliers étaient de bonne qualité; les variétés rouges prédominaient.

La collection des farines était une des plus belles que l'on ait pu voir, la meunerie constituant l'une des plus grandes industries nationales. Les

[1] La production moyenne de l'orge est actuellement de 10,800,000 hectolitres par an ; on en exporte 1,500,000 quintaux métriques.

immenses moulins de Pesth jouissent d'une juste réputation; ils sont au nombre de quatorze, avec 550 paires de meules. La vapeur a remplacé l'eau; on ne rencontre plus que sur le cours inférieur du Danube les anciens bateaux dont les aubes mises en mouvement par le courant font marcher une ou deux paires de meules. Les moulins de Pesth travaillant sans relâche transforment en farine 15 à 16,000 hectolitres de blé dans les vingt-quatre heures, ou 5 à 6 millions par an, avec le concours de 2,200 ouvriers et l'emploi de 140 millions de kilogrammes de charbon de terre. Hors de Pesth il y a encore des moulins, mais beaucoup moins considérables; la Hongrie en compte en tout 25,000, dont 480 à vapeur; ils travaillent annuellement sur le pied de 18 millions d'hectolitres de grains.

Les autres céréales ont bien moins d'importance. Nous citerons cependant les orges de la Transylvanie et des comitats du nord de la Hongrie [1]. Les terres sableuses de la grande plaine centrale sont trop légères pour cette céréale; en revanche on y trouve du seigle, lequel disparaît en s'avançant vers le sud [2].

L'avoine et le maïs attiraient davantage l'attention : sauf le nord et en partie l'ouest, la Hongrie cultive le maïs avec succès et en produit annuellement 19 millions d'hectolitres. Une grande partie sert à l'alimentation des habitants, une autre est distillée; enfin on en donne beaucoup aux animaux, surtout aux porcs à l'engrais. Cette dernière spéculation se fait très en grand dans certaines localités; ainsi à Steinbrück, près de Pesth, un seul établissement engraisse continuellement 20,000 porcs à l'aide du maïs. A côté se trouve une distillerie où 1,000 à 1,500 bœufs sont régulièrement soumis à l'engrais.

On conçoit que les galeries hongroises devaient regorger d'épis de maïs, mais, hors trois ou quatre variétés cultivées en grand, la curiosité y trouvait plutôt son compte que l'utilité réelle. Les variétés les plus répandues ne diffèrent pas de celles que l'on préfère dans le midi de la France.

Les avoines n'étaient pas représentées d'une manière moins large, la plupart blanches et à grains très-pleins. Elles proviennent de la ceinture de hauteurs qui enveloppe la plaine de Hongrie, et fournissent annuellement 14,500,000 hectolitres. La population chevaline du pays étant de 2,150,000 têtes, la production correspond à 760 litres par tête; mais, comme les chevaux, surtout les poulains, reçoivent un peu de maïs dans leur ration, il s'ensuit qu'il reste de l'avoine disponible pour l'exportation.

[1] La production moyenne du seigle pendant les dix dernières années a été de 15,300,000 hectolitres.

[2] Voir le rapport de M. Tisserand sur l'enquête agricole dans les départements du Bas-Rhin et du Haut-Rhin, 1867, p. 136.

Notre commerce pourrait difficilement en profiter dans les années de disette, en raison de l'éloignement et de la difficulté des transports. Il n'en est pas de même pour l'Autriche, l'Allemagne et l'Italie du Nord; néanmoins l'exportation ne dépasse pas 1 million de quintaux métriques par an.

On pouvait voir aussi de beaux échantillons de lin, de chanvre et de colza, particulièrement dans la magnifique exposition faite par les domaines de l'archiduc Albrecht. Parmi les plantes textiles, le chanvre tend à prendre le plus d'extension : jusqu'à présent on n'en produisait que 400,000 quintaux métriques consommés dans le pays, mais le commerce saura mettre à profit cette ressource [1].

Depuis peu d'années, le colza a fait des progrès très-notables : tandis qu'en 1870 il occupait à peine 5,000 hectares, l'an dernier il encombrait de ses produits les gares du chemin de fer de Pesth à Debreczin; en 1872, l'exportation en enlevait 400,000 quintaux métriques; en 1873, les agents de la compagnie des chemins de fer de l'État évaluaient le trafic au double, sinon au triple, à en juger par les expéditions du seul mois de juillet.

Bien qu'elle semble rester stationnaire, la culture du tabac ne laisse pas d'être très-intéressante, puisqu'elle occupe 40,000 hectares et rapporte annuellement 974,000 quintaux métriques de feuilles sèches. Les tabacs les plus fins étaient exposés par Arad, Szegedin, Pesth et Debreczin, c'est-à-dire la région située au nord-est de la capitale.

On avait aussi exposé de beaux échantillons de diverses plantes industrielles, mais le manque de bras relègue ces cultures au second rang. La betterave fait exception et paraît devoir acquérir une grande importance ; déjà vingt-six sucreries travaillent chaque année sur 90 millions de kilogrammes de racines, et livrent un sucre qui, sans valoir encore celui de la Bohême et de la Moravie, ne manque pas de qualité.

L'un des produits que les commissaires hongrois s'étaient le plus attachés à mettre en relief était le vin. Les bouteilles couvraient de nombreux gradins enguirlandés de pampres. Rien n'y manquait : dessins, analyses, étiquettes voyantes, bouteilles à larges dimensions, frêles, longues et effilées; l'attention des visiteurs était vivement sollicitée.

Ce n'est pas sans raison que les Hongrois considèrent ce produit comme devant être pour eux une source abondante de richesses. Leur climat s'y prête : les contre-forts des montagnes, qui font de la Hongrie un amphithéâtre immense, offrent à la vigne, sur ses premiers gradins, des terrains tantôt volcaniques, tantôt calcaires, où elle végète avec vigueur; la plaine

---

[1] Le chanvre occupe 85,000 hectares, le lin 13,000.

elle-même est envahie, comme on peut le voir du côté de Tokay, de Vers-
chetz et de Funfkirchen. En général, la qualité est assez bonne, quoique
les vins rouges soient un peu plats et les vins blancs un peu durs et siru-
peux; mais, avec de meilleures méthodes de fabrication et une culture plus
soignée, on pourra arriver à bien mieux, sans cependant faire jamais
soit des bordeaux, soit des bourgognes. La qualité d'un cru résulte d'un
si grand nombre de circonstances de sol et de climat, qu'on ne saurait
probablement en aucun cas les reproduire artificiellement avec exactitude.

Le vignoble hongrois comprend 375,000 hectares et produit annuellement 12,628,000 hectolitres de vin; il est double du vignoble de l'Autriche, et l'un des plus considérables après celui de France. Il reçoit des
soins bien entendus. Dans la culture en lignes de la plaine, on commence à
introduire les façons à la charrue. En tête des vignes renommées se placent
celles de Tokay, situées sur l'extrémité d'un rameau trachytique qui se détache des Carpathes, près d'Eperies. Le vin qui en provient, vin blanc et
liquoreux, porte le nom d'Ausbruch; on n'en fabrique qu'une très-petite
quantité. C'est à l'exposition du midi, à l'abri du nord et du nord-est, à
l'altitude de 500 mètres, que se trouve le terroir privilégié. La Theiss
passe non loin, à 30 ou 40 mètres au-dessous. L'ensemble du district
comprend 15,000 hectares, mais ne fournit pas au delà de 5 ou 6,000 hectolitres d'ausbruch. Le vin ordinaire est le blanc, et possède un goût de
terroir fort prononcé [1].

Après, il faut signaler les vins rouges d'Ofen, qui sont vraiment bons
pour la table, puis les vins blancs de Pesth, de Ruster, des rives du lac
Balaton, de Presbourg, de Steinbruch, d'Erlau, du district de Fünfkir-
chen, où la vigne est aussi bien cultivée que dans les meilleurs districts

[1] Composition des vins hongrois (analyse de M. Kehler, professeur à Ungarisch-Altenburg, sur
vingt et un échantillons) :

Poids spécifique.	De 0,99	à 1,056
Alcool (par décilitre).	10,6	à 17,5 centim. cubes.
Acide acétique.	0,045 à	0,45 p. o/o.
Acide tartrique, etc.	0,28 à	0,80
Sucre.		0,119
Matières azotées	De 0,21 à	1,40
Tannin.	0,106 à	0,345
Extrait.		2,982
Matières minérales (potasse, soude, chaux, magnésie).	De 0,1 à	0,2
Substances sèches.	0,675 à	17,00

Les tokais sont les plus riches en substances sèches.

Vingt et un échantillons de vins contenaient :

Potasse	De 0,025 à	0,088 p. o/o
Acide phosphorique.	0,020 à	0,050
Acide carbonique.	0,006 à	0,046

de France. Sur cent échantillons, on n'en comptait que dix ou douze qui fussent rouges. Inutile de dire qu'on a cherché aussi à faire des vins mousseux; mais tous ces essais ne font pas craindre une concurrence inquiétante pour notre champagne et nos vins rouges fins [1].

La sériciculture doit compter pour quelque chose en Hongrie : elle y est répandue un peu partout, mais on renomme surtout à cet égard les comitats d'OEdenburg, d'Eisenburg, de Tolna et de Baës, constituant les anciens Confins militaires, puis le Banat. La production totale s'élève à 400,000 kilogrammes de cocons.

Une mention particulière est due à l'exposition des laines mérinos de la Hongrie; tous les grands propriétaires ont tenu à honneur d'y envoyer des toisons de leurs troupeaux, et jusqu'à des balles de 50 kilogrammes. Ils visent, cela n'est que trop manifeste, à produire des laines extrafines, et préfèrent les béliers de races petites et tardives au type de Rambouillet. C'est là une erreur. Le mouton extrafin donne à peine deux livres de laine, qui ne se vend guère plus que la toison moyennement fine du Rambouillet, laquelle pèse le double. Le petit Negretti fournit peu de viande, engraisse mal, tandis que le métis Rambouillet en fournit un poids considérable dès l'âge de deux ans : dans un pays qui ne comporte pas encore les races proprement dites, ce dernier trouve sa place naturelle : c'est ce que savent bien nos éleveurs champenois et bourguignons.

Un mot seulement au sujet des miels et des cires, qui sont de belle qualité. Nous ne parlerons pas de la garance, qui nous paraît être condamnée à disparaître par suite de la découverte de l'alizarine dans le goudron de houille.

En ce qui regarde l'outillage agricole, il n'y a qu'à répéter ce qui a été dit sur l'Autriche. Vingt ans à peine nous séparent du temps où le matériel était des plus grossiers; la charrue rappelait le type reproduit par les

---

[1] Prix des vins hongrois au marché de Pesth, les 56 litres, année 1872 (année moyenne). Le florin vaut de 2 fr. 25 cent. à 2 fr. 50 cent.

Tokay Ausbruch....................................	De 100 à 220 florins.	
Rouge d'Ofen........ { vieux............................	20 fl. (de 15 à 30).	
{ nouveau..........................	12 (de 10 à 18).	
Blanc d'Ofen........ { vieux............................	De 14 à 18 florins.	
{ nouveau..........................	10 à 15	
Steinbruch (Pesth).... { vieux............................	15 à 28	
{ nouveau..........................	11 à 16	
Coteaux (vieux)...	12 à 15	
Blanc et rouge (nouveau).............................	8 à 11	
Ordinaire du pays (blanc et rouge vieux)......................	10 à 12	
Ordinaire de plaine (blanc et rouge nouveau)............ ..	7 à 10	

bas-reliefs des monuments de l'antiquité; comme chez les anciens aussi, on dépiquait les grains. Aujourd'hui les fermes hongroises sont munies de bons instruments. On y compte 526,000 charrues en fer; les herses en fer sont d'un emploi à peu près général; les batteuses à grand travail se rencontrent fréquemment. En 1863, on ne comptait encore que 194 machines à vapeur, d'une force de 1,600 chevaux, pour usage agricole; la Hongrie en a maintenant près de 2,000, donnant une force de 14,000 chevaux! Des milliers de moissonneuses fauchent les récoltes; les semoirs se répandent chaque jour davantage. Le pays est bien assurément l'un de ceux où les instruments perfectionnés sont aujourd'hui, après l'Angleterre, le plus en usage.

Cet important résultat est dû au manque de bras et à la hausse des denrées agricoles, du jour où le pays a eu des voies de communication, des chemins de fer, et que l'étranger n'a plus mis d'obstacles à l'admission de son blé et de son bétail. Il est dû encore à la diffusion des lumières et à l'influence des grands propriétaires, qui ont suivi l'exemple donné par l'archiduc Albrecht dans son domaine d'Ungarisch-Altenburg. Il a été favorisé par plusieurs maisons anglaises, qui sont venues y créer des ateliers de construction, et par des manufacturiers hongrois, qui, stimulés par la concurrence que les Anglais venaient leur faire au cœur même du pays, ont amélioré leur construction, accru leurs moyens d'action, et, procédant plus résolûment, n'ont pas hésité à copier les modèles étrangers. C'est ainsi que se sont vulgarisés les pressoirs Mabile, les trieurs Pernolet, les charrues vigneronnes de Dijon, les hache-paille Richmond, les coupe-racines Ransomes, les semoirs de Smith, Garrett, Hornsby, les grandes batteuses de Clayton et de Robey, etc. etc.

Parmi les constructeurs nationaux qui ont soumis au Jury les machines les mieux faites, citons MM. Strobel et Baris, à Buda-Pesth, pour d'excellentes charrues, des moissonneuses, un égrappoir et un hache-paille; M. Peter Polgar, à Makó, pour ses herses Howard et Valcourt et ses semoirs Garrett; M. Seiberth, pour sa charrue vigneronne (système de M. de la Loyère, de Beaune); MM. Gyözy, comte Nako, Zavor et Kühne, pour leurs semoirs Smith et Garrett. Le dernier reproduit assez bien le scarificateur et la sous-soleuse Dombasle, la herse norwégienne et le trieur Pernolet. Enfin une place particulière doit être réservée à l'ensemble présenté par M. Vidatz, de Buda-Pesth, le doyen des bons fabricants du pays, dont les charrues sont connues sur les deux rives du Danube jusqu'à son embouchure. Il en vend de 6 à 8,000 par an, à raison de 11 francs; c'est le type de Hohenheim qu'il suit: il a aussi une batteuse de Clayton parfaitement établie.

En somme, soixante-treize fabricants ont subi l'examen du Jury, qui, à peu près partout, a constaté un choix judicieux d'instruments et une exécution convenable, mais qui a restreint la liste des récompenses, parce qu'il ne s'agissait que d'imitations. Trois médailles de progrès, six de mérite et onze mentions ont rendu justice à des efforts consciencieux.

L'exposition austro-hongroise de 1867 a été considérablement dépassée par celle de 1873, qui a été fort admirée et a complétement répondu au zèle et à l'habile direction de MM. les professeurs Arenstein et Wagner, lesquels ont bien mérité de leurs concitoyens.

Malgré les difficultés de tout genre qui sont venues fondre sur la Hongrie et l'Autriche pendant les dix dernières années, elles ont accompli des progrès considérables, parce qu'elles ont compris que la base la plus solide de la prospérité nationale était l'agriculture et la puissance productive du sol. Pour développer celle-ci, rien n'a été épargné : encouragements, amélioration et multiplicité des voies de communication, diffusion d'une bonne et sérieuse instruction dans les campagnes, rehaussement du niveau de l'enseignement dans les institutions existantes, fondation d'institutions nouvelles du degré le plus humble jusqu'au plus élevé, cours d'agriculture professés le soir à la veillée ; enfin, pour donner une vie réelle à tout cet ensemble par la formation de professeurs vraiment instruits, création dans chaque pays d'un établissement supérieur d'enseignement agronomique largement conçu et libéralement doté. A côté de cela et à titre subsidiaire, on a multiplié les stations agronomiques, mais, et c'est là un trait de raison supérieure, en les spécialisant, afin que, comme il n'arrive que trop souvent, leurs recherches ne s'égarent pas dans le domaine du caprice et de la simple curiosité. C'est ainsi que la station d'Ungarisch-Altenburg a rendu les plus grands services dans tout ce qui se rapporte à l'essai des instruments.

La Hongrie, en dépit de la modicité de ses ressources actuelles, n'a pas craint de consacrer à l'enseignement professionnel des sommes considérables. L'an dernier, son budget de dépenses dépassait pour cet article plus d'un million de francs. En Autriche, les sacrifices sont encore plus grands, parce que les provinces ont uni leurs efforts à ceux du gouvernement central. Les deux pays ne tarderont pas à recueillir les fruits de leurs avances, et atteindront certainement, dans un temps peu éloigné, un haut état de prospérité. Lorsque des propriétaires instruits, secondés par des praticiens habiles, dus tous deux à un enseignement professionnel généreusement dispensé, se répandront dans des campagnes pourvues de voies de communication de tout genre, une Lombardie pourra être créée aux portes de Vienne et de Pesth. Quant à la plaine hongroise, alternativement désert de sable et marécage, la nature a tout fait pour qu'avec peu d'efforts l'homme, en dirigeant les inondations fécondantes du Danube et de la Theiss, la mette en état de disputer le prix de la fertilité aux terres les plus renommées par leur richesse. Routes, canaux, instruction, ces trois mots renferment la solution du problème posé aux législateurs de ces contrées.

IX

ROUMANIE.

La Roumanie, dont le vaste territoire s'étend des Carpathes et du Danube jusqu'à la mer Noire[1], a fait complétement montre de ce qu'elle renferme de richesses agricoles. Comme la Hongrie, à laquelle elle touche et ressemble, elle fournit abondamment le blé, le maïs, l'orge, le seigle, le vin, la soie et le bois[2]. De part et d'autre, mêmes productions et mêmes progrès.

Le pays se prête avec la même facilité aux améliorations; c'est une plaine légèrement ondulée qui devient de plus en plus unie en s'abaissant graduellement vers le Danube et la mer. Des Carpathes descendent vingt cours d'eau, courant dans la même direction pour aboutir au grand fleuve. Cette disposition, qui peut être comparée à celle du flanc d'une toiture en tuiles creuses, rend l'irrigation merveilleusement aisée. Le Danube, dans son cours inférieur, a formé par ses alluvions, à une faible distance de ses rives, des bourrelets qui, retenant les eaux à une faible distance de ses rives, ont créé de vastes marécages, fournissant avec abondance de l'herbe et du poisson, et où les troupeaux de buffles viennent chercher un abri et de la fraîcheur contre la chaleur du jour.

[1] Le territoire de la Roumanie est de 12,126,500 hectares, comprenant 6,318,000 hectares de terres arables et 2,015,000 hectares de forêts; le reste est improductif. La population monte à 5 millions d'âmes.

[2] Les terres arables se divisent comme il suit :

	Hectares.
Terres labourées	5,000,000
Jardins	150,000
Prés	92,500
Pâtures	2.923,000
Vignes	95,500

Production annuelle :

	Hectolitres.
Blé	15,000,000
Maïs	20,000,000
Orge	7,060,000

	Hectolitres.
Seigle	2,500,000
Avoine	1,700,000

La consommation locale étant, pour le blé, de 5 millions d'hectolitres, de 11 millions d'hectolitres de maïs et de 700,000 d'avoine, il reste disponible pour l'exportation :

Blé	10,000,000
Maïs	9,000,000
Avoine	1,000,000

plus la moitié de l'orge. La Roumanie exporte en moyenne, chaque année, pour 50 à 60 millions de francs de grains; aucun pays n'est placé plus favorablement sous ce rapport, grâce au Danube, qui porte presque gratuitement ses produits à la mer Noire.

C'est la grande propriété qui prédomine ; les domaines de 25, 30 et 50,000 hectares ne sont pas rares. Les familles de paysans les exploitent par lots de 6 à 10 hectares, moyennant une redevance fixe en argent et la fourniture d'un certain nombre de journées de travail, soit pour labours, ou pour charrois, et de quelques pièces de volaille ou de gibier. Tout cela, dans les bonnes terres, représente environ 30 francs par hectare. Le cultivateur est pauvre et mène une existence pénible. La terre qui ne peut être louée de la sorte est exploitée par les propriétaires, ou directement, ou par l'intermédiaire de fermiers généraux, au moyen des journées dues par les colons, et de journaliers supplémentaires si cela ne suffit pas. La culture à vapeur est tellement imposée par ces conditions, qu'elle commence à entrer dans les habitudes.

Le système cultural est encore tout à fait extensif ; blé et maïs, telles sont les deux récoltes qu'on rencontre partout ; toutefois l'orge donne un grain assez estimé, et le colza gagne du terrain. Mais nulle part on ne voit encore de prairies artificielles ; la luzerne cependant rendrait d'incontestables services, en subvenant à la pénurie de fourrages qui décime les troupeaux en été comme en hiver. Le rendement moyen des terres dans les bonnes années est de 12 hectolitres de blé, 18 de maïs et 10 de colza ; les labours superficiels ne sauraient assurer davantage. La pratique des labours profonds et des défoncements du sol tous les trois ou quatre ans rendrait à ce pays d'inestimables services, en permettant de substituer aux maigres pâtures de riches luzernières, et en doublant le rendement des céréales ; nous en avons fait l'expérience en Algérie, dans des conditions analogues.

Avec le labourage à la vapeur, et par les mêmes raisons, le battage à la vapeur est venu s'implanter dans ces contrées, et, quand on descend le Danube après la moisson, on voit à l'œuvre les grandes machines anglaises, au sortir desquelles le grain est porté sans retard à bord des bateaux amarrés le long de la rive du fleuve. Tout l'outillage agricole devra suivre ces transformations rapides. Les constructeurs du pays semblent se mettre en mesure d'y répondre ; mais ils ont encore bien à faire, à en juger par l'exposition de MM. Walter et Valentin Potzarsky. L'École d'agriculture de Panteleimon, près Bucharest, sous l'habile direction de M. Aureliano, a beaucoup contribué à faire entrer le pays dans la carrière d'intelligente et fructueuse activité où il s'avance à grands pas. La fabrication française trouverait un terrain propice pour lutter contre les constructeurs anglais et allemands, par suite des profondes sympathies qui règnent ici en notre faveur.

En dehors des céréales, il faut encore dire un mot du colza, du chanvre,

du lin, et surtout des bois, qui sont très-remarquables. Le vignoble occupe
100,000 hectares, et produit, dans les meilleures années, 493,000 hectolitres. Tout se consomme dans le pays et ne mériterait pas l'exportation :
le vin roumain, comme celui d'Italie, manque de bouquet; il y a beaucoup
à faire à cet égard.

Les terres arables valent de 200 à 400 francs : c'est la moitié et même
le tiers de ce qu'elles se vendent actuellement en Hongrie; en friche on
ne les estime pas au delà de 100 francs. Les grandes exploitations se
louant sur le pied de 15 à 30 francs, l'intérêt payé par la terre se rapproche de 7 p. o/o par an; ce que l'on a acheté il y a quinze ans seulement
rend aujourd'hui 20 à 25 p. o/o du capital engagé. On voit ce que
pourraient tirer de pareilles circonstances des jeunes gens entreprenants,
capables et munis d'avances suffisantes. Il ne manque cependant pas de
difficultés : en premier lieu, une sécheresse qui souvent détruit la totalité des
récoltes, une population clair-semée et peu laborieuse, des épizooties fréquentes, l'absence de chemins praticables. Mais ces obstacles n'ont rien d'in-
surmontable, tant s'en faut. Nous avons vu quelles merveilleuses dispositions le pays offrait pour l'irrigation : ce qui n'est pas arrosable peut être
défoncé à la vapeur, voilà la sécheresse conjurée. Le matériel perfectionné
suppléera au défaut des bras, et l'appât du gain triomphera de l'apathie
d'une race vive et intelligente, mais opprimée depuis des siècles. Grâce
à l'assainissement du pays par quelques travaux, grâce à un traitement
mieux entendu et à la création de luzernières qui assurent aux troupeaux
des ressources contre la faim, le bétail craindra moins les maladies. Quant
aux chemins, les Carpathes renferment, pour leur construction, des matériaux excellents et en quantité inépuisable. Que la Roumanie consacre
une centaine de millions à l'aménagement de ses eaux et à l'achèvement
d'un réseau de bonnes routes empierrées, perpendiculaires aux cours
d'eaux et aux voies ferrées, et elle pourra tirer parti, en sus des produits
de son travail dans la plaine, des richesses renfermées dans les magnifiques forêts de chênes qui ombragent les montagnes, berceau et refuge de
sa population; elle pourra reproduire l'image et se promettre les destinées
du Piémont.

X

RUSSIE.

L'empire de Russie occupait, relativement à son immense étendue, une
bien petite place dans l'enceinte du Prater : il ne prenait que 500 mètres
carrés dans le pavillon oriental de l'agriculture, et dans les galeries principales. où une certaine partie de ses produits agricoles a été réunie,

on lui avait attribué 3,320 mètres. Évidemment la Russie a fait la part la plus large aux produits de ses pêcheries et de ses usines, laissant au second plan ceux qui, cependant, l'emportent de beaucoup par leur masse et le commerce qu'ils alimentent.

Les céréales, grains et farines, le lin et le chanvre constituent d'une manière presque exclusive les marchandises du commerce d'exportation de l'empire[1]; aussi les exposants pour ces articles s'élevaient-ils au nombre de cent trente-deux. Tout auprès, on voyait quelques belles collections de feuilles de tabac, parmi lesquelles il fallait remarquer celles de la Petite-Russie, de la Tauride et du Caucase. Le vignoble russe, dont la production moyenne est de 2 millions d'hectolitres, avait fourni de nombreux échantillons de vin provenant de la Crimée, de la Bessarabie et de la Trans-caucasie, déjà présentés dans les expositions antérieures à Paris et à Londres. La betterave commence à faire de grands progrès dans la Russie d'Europe, qui compte déjà 300 sucreries environ, occupant 65,000 ouvriers et fabriquant 60 millions de kilogrammes de sucre.

Quatre exposants de Varsovie et de Kiew avaient là d'intéressantes collection de cocons de vers à soie : cette spéculation s'est beaucoup avancée vers le sud; elle a franchi le Caucase et livre aujourd'hui 1 million de kilogrammes de soie au moins. Ajoutons à cela de belles garances, des bois, des toisons mérinos comme en fait la Hongrie. Toutefois les grands propriétaires russes ont compris l'avantage du type Rambouillet, dont ils ont fait de larges importations; sur un total de 42 millions de têtes ovines, les mérinos et métis-mérinos comptent pour 11 ou 12 millions. La production annuelle de laine s'élève à 58 millions de kilogrammes.

Citons avec louanges l'herbier envoyé par le Jardin botanique impérial et composé des plantes médicinales croissant spontanément en Russie.

Il suffira d'un mot pour ce qui concerne le matériel. La fabrication indi-

---

[1] D'après une moyenne de dix ans, la production serait :

Pour les céréales, de.................................... 500,000,000 hectolitres.
Pour la graine de lin, de............................... 3,800,000 quint. métr.
Pour la filasse de lin , de............................. 2,000,000
Pour la filasse de chanvre, de......................... 1,250,000

La consommation prélevée laisserait disponibles :

Grains... 20,000,000 hectolitres.
Graine de lin et chènevis .... 2,500,000 quint. métr.
Filasse.. 1,000,000 kilogr.

En 1873, l'exportation des grains a été de 30 millions d'hectolitres, dont :

Pour le blé .... 10,000,000 hectolitres.
Pour le seigle....................................... 10,000,000
Pour l'avoine.. 6,000,000

gène se borne aux menus objets, charrues, herses, rouleaux, quelques tarares, tout cela encore imparfait; elle laisse, pour les objets importants, les Anglais maîtres absolus du marché. La noblesse exploite ses grands domaines au moyen des appareils les plus perfectionnés, et demande à la vapeur le travail qui lui est refusé par les bras. Ne laissons pas cependant sans les citer quelques noms de constructeurs. M. Lilpop Rau, de Varsovie, fait d'excellentes charrues en fer; M. Waraksine construit du même métal une bonne défonceuse; M. Wisberg reproduit bien la batteuse américaine à manége; enfin M. Lichowsky a très-heureusement adapté le régulateur Dombasle à une belle collection de charrues américaines.

En somme, les six années écoulées entre les deux dernières Expositions ont été on ne peut mieux mises à profit pour l'agriculture russe, dont nous ne parlerons pas davantage, attendu qu'elle a fait l'objet d'études aussi curieuses que riches en enseignements de diverse nature.

XI

PRINCIPAUTÉ DE MONACO, TURQUIE, GRÈCE, ÉGYPTE, TUNISIE.

Le plus petit des États européens tenait une place honorable à côté du plus grand. Le pavillon du prince de Monaco renfermait de beaux spécimens de plantes à essences parfumées, de fruits savoureux et d'eucalyptus. Quant à la Grèce, à la Tunisie et à la Turquie, elles n'offraient rien de particulier à signaler. Leur exposition était à peu de chose près la répétition de celle de 1867.

L'exposition égyptienne comprenait des céréales, des légumineuses, des plantes fourragères, saccharines, oléagineuses, textiles, tinctoriales, médicinales, aromatiques, ainsi que de beaux échantillons de tabac, des roseaux gigantesques, des bois, des fruits, bref tout ce qui pouvait donner une idée de la puissance productive des eaux fécondantes du Nil. Une métairie décorée avec goût renfermait les animaux et le matériel destinés à seconder cette puissance, entre autres l'appareil de culture à la vapeur qui façonne ces champs de coton, source d'une richesse si pleine de promesses. Sous l'impulsion éclairée du vice-roi, il a été fondé près du Caire une École d'agriculture, dans laquelle se poursuivent sans relâche les recherches les plus diverses sur la composition des eaux et des terres, les irrigations, le reboisement, l'emploi et l'influence des engrais minéraux, etc. Tant d'efforts ont déjà porté leurs fruits : les cultures industrielles se propagent, la canne à sucre et le coton gagnent de plus en plus de terrain; les variétés de céréales s'améliorent par un choix judicieux de semences; le peu qui reste de terres incultes est complanté d'essences utiles, de l'eucalyptus surtout, et les ressources du pays en bois, tant de construction que d'ébénisterie, commencent à être mieux appréciées. Une ère nouvelle commence pour cette terre de la plus antique des civilisations.

XII

BRÉSIL.

S'il est un pays au monde qui ait intérêt à attirer vers lui le courant d'émigration qui enlève à l'Europe un million d'individus en deux ans, c'est le Brésil. Grand seize fois comme la France, il ne compte que 11,780,000 habitants, y compris 1,400,000 nègres et environ 500,000 Indiens. Il n'a rien négligé à cet effet, et ses galeries, où l'esprit était frappé par l'abondance des échantillons de minéraux et de plantes utiles, tandis que les yeux étaient éblouis par l'éclat des pierres précieuses et du plumage de ses oiseaux, étaient bien faites pour captiver les visiteurs et les engager à se confier aux promesses séduisantes d'une nature si privilégiée.

En réalité, le Brésil a ce qu'il faut pour devenir l'un des premiers pays agricoles du monde. Couvert dans sa plus grande étendue de majestueuses forêts vierges, son sol possède une fertilité toute primitive. Le défrichement fournit par les bois de teinture et de construction le premier capital nécessaire au colon, et, ce capital avancé à la terre, elle le rend avec une usure sans pareille.

Grâce à une disposition topographique admirable et à l'abondance des eaux, toutes les plantes du globe peuvent trouver place dans cet empire. Dans les latitudes supérieures, sur les plateaux élevés, un climat tempéré favorise le froment, le maïs, le seigle, l'orge, les fourrages, les arbres fruitiers de notre zone et la vigne elle-même. Au sud, le café, la canne à sucre, le coton et le tabac ne le cèdent pour le rendement à aucun autre endroit du monde. On y récolte jusqu'à 4,000 kilogrammes de coton par hectare, 3,300 kilogrammes de café, 150 hectolitres de manioc et 90 hectolitres de maïs. Dans les terres ordinaires, le cotonnier, donnant une moyenne de 2,150 kilogrammes à l'hectare, produit plus qu'aux États-Unis, où cette moyenne est de 1,700 kilogrammes. D'autres régions se prêtent à la culture du thé, du cacao, de la vanille, etc. Mais c'est le café qui semble devoir être pour le Brésil ce que le tabac a été pour la Nouvelle-Angleterre, l'agent le plus actif de colonisation. En effet, 1 hectare contient en moyenne 912 caféiers, qui, dans les terrains de qualité inférieure, rapportent 675 kilogrammes de grains secs; dans les sols de deuxième classe,

1,300 kilogrammes; dans ceux de première, 2,000 kilogrammes. Un homme actif pouvant cultiver 2 hectares, et le grain se vendant 85 centimes le kilogramme, le cultivateur obtiendra 1,145 francs dans le premier cas, 2,350 francs dans le deuxième, 3,437 francs dans le troisième; pour les plantations moyennes, on estime le produit à 1,700 francs par travailleur, femmes et enfants compris. De tels avantages ont fait que le Brésil compte actuellement 530 millions de pieds de caféier, occupant une surface de 575,000 hectares et produisant chaque année 260 millions de kilogrammes de grains. Le dixième suffit à la consommation; le reste s'exporte et a rapporté, en 1872, plus de 200 millions de francs! En trente ans cette culture s'est augmentée de 228 p. o/o, et l'exportation a suivi la même progression.

Le Gouvernement français devrait faire tous ses efforts pour propager dans la Nouvelle-Calédonie une culture qui y réussit très-bien et promet de si merveilleux résultats.

Le coton a fait des progrès non moindres dans les provinces du nord; la hausse due à la guerre de sécession de l'Amérique du Nord et le développement des chemins de fer l'ont amené jusque dans le sud. Avant 1860, l'exportation n'atteignait pas 10 millions de kilogrammes; en 1872, elle était de 53,590,000 kilogrammes, d'une valeur de 101 millions de francs, soit un accroissement de 43 p. o/o par an. Les échantillons exposés étaient très-beaux et pouvaient rivaliser avec les produits moyens des États-Unis.

Au troisième rang, dans l'exportation brésilienne, se place le sucre de canne; il s'en fait annuellement 280 millions de kilogrammes, dont la moitié est vendue à l'étranger et rapporte de 74 à 75 millions de francs. Ce n'est que depuis vingt ans que le sucre a été supplanté par le café et le coton; sa culture ne s'est accrue que de 10 p. o/o par an. Le produit brut, par hectare, d'une plantation des environs de Rio-Janeiro est de 1,980 francs, et les frais de culture montent à 369 francs. On commence à substituer dans cette culture, avec grand avantage et économie, les labours à la charrue et les binages à la houe à cheval aux façons à la main.

Quoique en regard de ces trois spéculations les autres puissent sembler insignifiantes, il s'en faut cependant qu'elles le soient en réalité. Citons le manioc de la région intertropicale; le tabac, qui, en 1872, avait donné lieu à une exportation de 12,825,000 kilogrammes, valant 19 millions de francs; le cacao de la vallée de l'Amazone, où il croît spontanément; le maté ou thé du Paraguay et du Rio-Grande do Sud, dont l'exportation atteint aujourd'hui 9,500,000 kilogrammes, valant 6,270,000 francs; enfin le caoutchouc du *Siphonia elastica*, plante spontanée des vallées du Para et de l'Amazone; son exportation, en 1871, avait donné 21 millions de francs.

Malgré tant de ressources véritables, le Brésil n'est pas encore parvenu à s'assurer la confiance des travailleurs en quête d'une nouvelle patrie; des promesses pleines d'exagération ont engendré des mécomptes qui, à leur tour, ont faussé la vérité. Le Brésil n'a qu'à adopter la politique américaine, mettre la terre à la libre disposition de qui veut la cultiver, en assurant la subsistance du colon pour la première période de défrichement, mettre à sa disposition de bons chemins et des moyens d'instruction, et le résultat sera le même que dans l'Amérique du Nord.

XIII

CHINE ET JAPON.

La Chine et le Japon n'ont présenté qu'un matériel agricole informe; c'est évidemment l'habileté manuelle qui, chez les peuples de l'extrême Orient, supplée à tout. Les charrues chinoises et japonaises rappellent celles de l'antiquité; les pressoirs sont grossiers; les norias ne pourraient que rivaliser avec celles des Kabyles; les outils à main ont seuls quelque valeur.

Les produits étaient plus attrayants; le Japon avait fait autour d'une habitation de propriétaire une exposition spéciale de fleurs bulbeuses; dans les vitrines on voyait quantité de graines, du riz, etc. Des conserves de poissons, de poulpes, d'œufs de poisson, etc., montraient que, dans ces lointaines contrées, rien n'est perdu de ce qui peut servir à l'alimentation.

On aurait tort de juger de l'état de la culture de ces contrées par l'état arriéré de leur outillage; le progrès s'y est également manifesté, mais sous une autre forme. Les cultivateurs de l'extrême Orient, qui n'avaient pas à se préoccuper, tant s'en faut, de la question de main-d'œuvre, ont appliqué tous leurs soins au perfectionnement de la plante-outil; ils ont négligé l'homme et son travail pour s'occuper du travail de la nature. C'est ainsi que, par le choix des végétaux, celui des semences, ils sont arrivés à suffire aux besoins d'une population surabondante, et qu'ils ont fait de la Chine et du Japon de véritables jardins, dont le sol ne cesse pas un moment de produire. Ce que la science devait nous révéler dans ces derniers temps, l'observation, cette observation patiente qui caractérise les Orientaux, le leur avait enseigné depuis des siècles. Elle les a conduits à ne laisser perdre aucune parcelle de matière fertilisante, à restituer au sol ce qui lui était enlevé, bien plus à ne jamais se lasser de l'enrichir.

De là l'utilisation de tous les détritus de la consommation humaine : urine, vidanges, tourteaux, voire même les corps de ceux qui, nés sur le sol, s'y sont développés (un service de bateaux à vapeur les ramène de la Californie et de l'Australie, leurs pays d'émigration). De là un admirable aménagement des eaux; de là le soin de semer presque tout au poquet, afin de réaliser une incroyable économie de graines. La plante levée, le sol est nettoyé avec une attention scrupuleuse; l'engrais humain, réduit en poudre, est distribué par pincées au jeune végétal; lui seul a droit à tant de sollicitude; les parasites ne doivent pas en profiter. La même observation a appris à connaître les insectes qui détruisent les ennemis de chaque plante, les remèdes propres à chaque maladie, etc.

Il semble que, quant au bétail, l'infériorité est décisive pour les Japonais et les Chinois; mais que l'on aille au fond des choses, et l'on verra que cela n'indique aucunement l'infériorité du système de culture. Une population très-dense exige que le sol ne produise que des grains pour la consommation directe; si l'on venait à en distraire une parcelle pour l'entretien du bétail, la population serait réduite d'autant. Et la viande obtenue ne saurait faire compensation, car l'animal ne convertit ainsi qu'une partie des aliments qui lui sont donnés; l'autre partie ne sert qu'à entretenir sa propre vie et son mouvement. De même que la locomotive ne rend que 10 p. o/o du travail représenté par le charbon brûlé, l'animal, quoique bien plus parfait, cause encore une déperdition de 5o p. o/o. En fait, il exige 2 hectares pour produire en viande l'équivalent de ce que donnerait directement un hectare en riz, en blé ou en légumes; peut-être en Europe avons-nous exagéré la production des denrées animales, et arrêté ainsi le mouvement d'accroissement de la population !

Un seul animal pouvait se conformer aux exigences de l'agriculture de l'extrême Orient, parce que le mûrier qui le nourrit n'occupe que peu d'espace, souffre la culture jusqu'à son pied, vit des éléments de l'atmosphère et ne dispute rien à l'homme qu'il ombrage; de là cette belle industrie séricicole dont l'Europe est toujours tributaire.

Les eaux, qui abondent, ne servent pas qu'à l'irrigation; elles-mêmes sont cultivées : les herbes, les insectes, les mollusques qui s'y développent sont utilisés, et les oiseaux aquatiques, ainsi que les poissons, font l'objet d'un élevage méthodique. Les Japonais ont des oiseaux qui ne se nourrissent que des parasites du riz. On voit que la viande ne fait pas tout à fait défaut.

Nos habitudes européennes ne comportent pas sans doute des errements identiques, mais l'on voit que nous avons, pour les soins à donner aux plantes, pour l'emploi des engrais, pour l'utilisation des eaux, plus d'une leçon à prendre dans ces régions reculées. C'est par l'accumulation patiente des éléments de fertilité, potasse, phosphates, etc., charriés par les fleuves tombant des hauteurs de la haute Asie, que les cent familles ont formé la Chine, lui ont donné un développement inconnu ailleurs, en lui conservant, par un contact toujours immédiat, les traditions du passé et un esprit de famille si fort qu'il attache chaque individu à la motte de terre sur laquelle il est né.

XIV

FRANCE.

Si l'exposition française, dans son ensemble, a obtenu un succès auquel tous les visiteurs se sont plu à rendre hommage, si les galeries destinées à l'industrie et aux beaux-arts ont vivement impressionné le public, en montrant que la France maintenait ferme son ancienne supériorité, surtout en ce qui touche au bon goût, la section agricole n'a pas présenté le même spectacle. Quelques bouteilles de vin, quelques flacons d'eau-de-vie et d'alcool, de rares pains de sucre, de petits sacs de grains, des gravures, une bibliothèque agricole présentée par le Ministère de l'agriculture, et un petit nombre de machines, voilà son contingent. L'Algérie et les colonies étaient mieux représentées que la mère patrie, grâce à l'Administration, qui s'était chargée de centraliser et de grouper dans un excellent ordre les envois des colons: leurs commissaires ont parfaitement réussi.

Disons-le, les agriculteurs ont peu d'intérêt à envoyer au loin leurs produits à grands frais : ils n'en vendraient plus cher ni leur blé, ni leurs fourrages, ni leurs betteraves; ils tiennent peu à les faire connaître au dehors. L'industrie, au contraire, trouve dans les expositions un puissant moyen de réclame, elle en tire grand profit: l'agriculture n'en obtient aucun, de là son abstention. Dans quelques cas, des Sociétés peuvent trouver avantage à attirer l'attention sur certains produits susceptibles d'exportation, comme les Sociétés de l'Hérault et du Gard l'ont fait pour leurs vins; mais ce n'est pas la règle, et, pour que l'agriculture se montre dignement et en raison de son importance, il faut que le Gouvernement s'en mêle : l'expérience là-dessus est décisive. Parlons des exposants qui ont soutenu l'honneur agricole du pays. MM. Despretz père et fils, à la Cappelle (Nord), présentaient de la graine de betterave et une intéressante collection de racines. Ces messieurs ont plusieurs centaines d'hectares en culture; à force d'essais et de persévérance, ils sont arrivés à améliorer la plante-outil en constituant des variétés très-riches et très-productives. Certains de leurs échantillons donneraient, d'après leur prospectus, 22 p. o/o de sucre, avec un produit de 33,000 kilogrammes à l'hectare; avec la même betterave blanche et rouge, ils ont obtenu 75,000 kilogrammes par hectare et 8 p. o/o de sucre; avec une récolte de 50,000 kilogrammes, l'analyse a indiqué une richesse de 15 p. o/o; la variété à collet vert et rose a donné de 80 à 100,000 kilogrammes et de 6 à 10 p. o/o de sucre. Les céréales de ces exposants ne le cédaient en rien aux betteraves; du blé Hallett, semé par eux, à l'automne de 1871, dans un champ de 20 hectares, à raison de 33 litres par hectare, a rendu par are 45 litres, pesant 80 kilogrammes l'hectolitre; cela montre tout ce qu'il nous reste à faire pour utiliser pleinement et la plante et le sol. Un magnifique échantillon en gerbes et en grains provenait d'une culture de blé de Bergues (blanc) : 50 hectares ensemencés à raison de 60 litres avaient rendu 42 hect. 77 lit. chacun. Des variétés de Chiddam, de Kent, de Goldendrop, présentées en gerbes, indiquaient des rendements tout aussi considérables pour des quantités de semence variant de 40 à 100 litres. Une haute récompense a prouvé à MM. Despretz tout le cas que l'on faisait de leurs recherches dans une voie aussi féconde que nouvelle.

La maison Simon Legrand mérite aussi une mention pour ses betteraves améliorées.

A côté des produits de son domaine de Theneuille, M. Bignon aîné a exposé une série de dessins faisant connaître l'état de ses moissons, de ses fermes, de son bétail, de ses ouvriers, avant et après ses améliorations; ce tableau saisissant a vivement frappé le public, en lui peignant d'un coup les résultats importants obtenus par cet intelligent propriétaire, qu'un diplôme d'honneur a récompensé de ses travaux.

MM. Michaux, à Bonnières, et Pilat, à Brebières, méritent également une mention : le premier pour ses plans de ferme et sa fabrication d'engrais, le second pour les beaux produits de son exploitation. Ces deux noms sont connus comme ceux d'agriculteurs de premier ordre; il suffit de les citer. L'un et l'autre ont obtenu la médaille de progrès.

M. Desailly, à Grand-Pré (Ardennes), représentait seul au Prater la grande industrie des phosphates de chaux des Ardennes et de la Meuse. L'un des premiers, il s'est livré à l'exploitation des gisements indiqués par M. de Molon; son énergie persévérante est venue à bout d'une œuvre qui n'était pas sans difficultés au début, et il a doté le pays d'une source de revenus inconnue jusque-là. Dans les Ardennes et la Meuse, cette exploitation occupe près de 4,000 ouvriers, et livre annuellement à l'agriculture 45 millions de kilogrammes de phosphate en poudre. Pour sa part, M. Desailly en livre plus du tiers: il faut signaler hautement de pareils mérites, et c'est un devoir d'appeler sur eux l'attention du Gouvernement.

Enfin les services éminents rendus par M. Pasteur à la viticulture et à la sériciculture ont valu à l'illustre savant un diplôme d'honneur, décerné à l'unanimité et par acclamation.

L'outillage n'était pas plus abondant que les produits; peu de nos constructeurs avaient contribué en cette occasion: les lauréats ont été : MM. Albaret, pour ses machines à battre et son hache-paille; Mabile, pour ses pressoirs, qui se répandent beaucoup en Allemagne, en Autriche et en Russie; Noël, pour ses pompes; Paupier, pour ses excellents ponts-bascules; Pernolet, pour son trieur; Leduc-Vic, pour sa presse à foin; L'Huillier, à Dijon, pour ses trieurs; Hignette, pour son trieur Josse : Del Ferdinand, pour sa grande batteuse; enfin M. Terrel-Deschênes. pour son œnotherme, et M. Pavy, pour son grenier conservateur.

Dans cet ensemble il n'y avait rien qui ne fût déjà connu.

On avait affecté toute une grande salle du Palais aux colonies et à l'Algérie. Les bois, les écorces, les fruits, les grains, les matières tinctoriales, les gommes, le coton, la soie, les cafés de la Réunion et de la Martinique, les plantes médicinales, le cacao des Antilles, les arachides du Sénégal, l'alfa, le tabac et les laines de l'Algérie, les fibres textiles de la Guadeloupe, rien n'avait été omis, et cette exactitude a été récompensée par l'empressement soutenu du public à visiter cette magnifique collection. On remarquait surtout les liéges et les *Eucalyptus globulus* de l'Algérie. Ce dernier peut être regardé comme l'une des plus précieuses conquêtes de notre colonie; il croît aujourd'hui par millions de pieds dans la banlieue d'Alger et le long des routes, avec une telle vigueur que certains sujets ont pu, en dix ans, atteindre une hauteur de 18 à 20 mètres et une circonférence de 1^m,50 au pied; le bois en est très-élastique et très-résistant. M. Ramel, qui l'a rapporté d'Australie en 1857, a été justement honoré d'une médaille de progrès, ainsi que M. Cordier, qui, l'un des premiers, en a fait de belles plantations à peu de distance d'Alger.

La France a eu, dans le groupe de l'agriculture. quatre-vingt-huit exposants; les colonies et l'Algérie en comptaient huit cents. Il y a eu en tout deux cent huit récompenses, attribuées, savoir :

Sept diplômes d'honneur : à M. Pasteur, membre de l'Institut; à la Direction de l'agriculture; au Gouvernement général de l'Algérie, et à MM. Albaret (France), Bignon aîné (France), Masquelier (Algérie) et à la Société d'agriculture de l'Hérault.

Trente-cinq médailles de progrès, dont vingt-huit pour les produits et sept pour les machines.

Quatre-vingt-une médailles de mérite, dont soixante-seize pour les produits et cinq pour les machines.

Quatre-vingt-cinq mentions honorables, dont quatre-vingt-deux pour les produits et trois pour les machines.

Les récompenses ont été réparties de la manière suivante :

Cinq diplômes d'honneur pour la France; deux pour l'Algérie.

Dix-sept médailles de progrès pour la France; dix pour l'Algérie; huit pour les colonies.

Onze médailles de mérite pour la France; trente pour l'Algérie; trente-neuf pour les colonies.

Six mentions honorables pour la France; cinquante et une pour l'Algérie; vingt-huit pour les colonies.

Les considérations développées dans le rapport de l'honorable M. Boutarel et les données renfermées dans la notice publiée par le Ministre de l'agriculture et le rapport de M. Heuzé nous dispensent d'entrer dans une étude détaillée sur la France. Ces documents ont mis en pleine lumière les ressources du pays et les moyens de les utiliser; il ne nous reste qu'à indiquer les enseignements plus spéciaux qui nous ont paru ressortir de l'Exposition de Vienne. Notre matériel agricole doit être plus soigné, les semoirs particulièrement devraient entrer d'une façon bien plus large dans la pratique journalière. Quant à nos constructeurs, qu'ils installent dans leurs ateliers un outillage convenable, qu'ils aient les machines-outils et pratiquent la division du travail, la spécialisation de la construction, qu'ils prennent en un mot exemple sur les Anglais et les Américains, ils feront tout aussi bien et à aussi bon marché. Ils devraient enfin apporter plus de soin pour faire valoir leurs produits dans les expositions.

En ce qui concerne notre agriculture, il serait également convenable de mieux étudier et améliorer la plante-outil, de faire un plus large emploi des engrais complémentaires; enfin d'aménager les eaux pour la production méthodique du poisson, et par dessus tout pour l'arrosage des terres et l'utilisation complète et méthodique des éléments de fertilité qu'elles charrient.

Ne l'oublions jamais, l'agriculture doit chercher de plus en plus à s'approprier les procédés de l'industrie. Dans le cours de ce long travail, nous avons montré que la condition du progrès réside dans la connaissance intime de tous les éléments de la production. Le moyen d'arriver à cette

connaissance, c'est l'établissement d'un système complet d'enseignement à
tous les degrés, fortement organisé et largement doté, comme celui qui,
pour les arts de la guerre, forme aussi bien l'état-major, que l'officier le
sous-officier et le soldat. Tous les peuples qui ont fait de rapides progrès
en agriculture doivent leurs succès à une pareille organisation, et surtout
au développement de l'enseignement supérieur. L'Angleterre elle-même
ne fait pas exception, comme on paraît le croire; nous avons dit ce que les
Allemands, les Autrichiens et les Hongrois ont fait, et, quant aux États-
Unis, l'acte du 2 juillet 1862 a permis à ce pays de doter chacun de ses
États d'établissements de haut enseignement agricole, organisés sur la plus
large échelle[1]. L'agriculture doit à la France, se doit à elle-même de re-
doubler d'efforts pour redonner au pays force et prospérité; elle nourrit
aujourd'hui 35 millions d'hommes, elle dispose de ressources et d'un climat
qui lui permettent d'en nourrir aisément 60 millions. Que tel soit son but,
et que toujours elle se souvienne qu'il y a recul pour celui qui se repose
quand tout le monde marche autour de lui.

EUGÈNE TISSERAND.

[1] C'est à la fin de l'effroyable guerre civile qui a coûté aux États-Unis plus de 30 milliards, que le Congrès de Washington a senti le besoin de donner une vive impulsion à l'agriculture et a compris que le meilleur moyen d'y parvenir était de développer et de répandre l'instruction professionnelle; n'ayant point d'argent, il a décidé, par l'acte du 2 juillet 1862, qu'il serait accordé sur les domaines nationaux une dotation immobilière de 15,000 hectares par 100,000 âmes de population aux États qui feraient les frais de premier établissement d'instituts agronomiques. Tous les États, à l'envi, ont mis à profit cette disposition libérale. Une surface grande comme la France était déjà distribuée en 1870, et plus de 30 millions avaient été consacrés par les divers États à la fondation des Écoles d'agriculture, dont l'existence et les développements sont assurés par la dotation de l'État, qui est inaliénable, et dont les revenus iront croissant.